高等学校"十三五"规划教材
国家级实验教学示范中心基础实验系列教材

高分子科学
基础实验教程

白利斌　主　编
王素娟　宋洪赞　副主编

U0258844

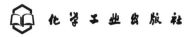化学工业出版社

·北京·

本书分三部分，第一部分为高分子化学实验，包括甲基丙烯酸甲酯的本体聚合等 11 个实验；第二部分为高分子物理实验，包括渗透压法测定聚苯乙烯分子量和 Huggins 参数等 17 个实验；第三部分为高分子材料成型加工实验，包括热塑性塑料熔体流动速率的测定等 8 个实验。

本书可作为高分子材料专业本科生的实验教材，也可供从事高分子科学研究、开发和应用的研究生与工程技术人员参考。

图书在版编目（CIP）数据

高分子科学基础实验教程/白利斌主编. —北京：化学
工业出版社，2018.6
ISBN 978-7-122-32022-3

Ⅰ.①高…　Ⅱ.①白…　Ⅲ.①高分子化学-化学实验-
教材　Ⅳ.①O63-33

中国版本图书馆 CIP 数据核字（2018）第 079925 号

责任编辑：提　岩　姜　磊　　　　　　文字编辑：王海燕
责任校对：王素芹　　　　　　　　　　装帧设计：王晓宇

出版发行：化学工业出版社（北京市东城区青年湖南街 13 号　邮政编码 100011）
印　　装：大厂聚鑫印刷有限责任公司
787mm×1092mm　1/16　印张 9　字数 216 千字　　2018 年 9 月北京第 1 版第 1 次印刷

购书咨询：010-64518888（传真：010-64519686）　售后服务：010-64518899
网　　址：http://www.cip.com.cn
凡购买本书，如有缺损质量问题，本社销售中心负责调换。

定　　价：27.00 元

国家级实验教学示范中心基础实验系列教材
编审委员会名单

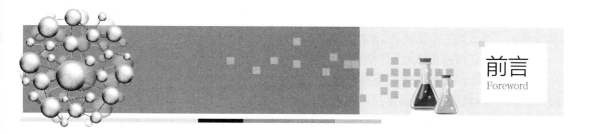

河北大学是一所面向地方的综合院校，其中化学学科是河北大学的强势特色学科。2013年化学学科获批为河北省国家重点学科培育项目，2016年列入河北省"世界一流学科"建设项目。河北大学化学实验中心继承了化学与环境科学学院的基础化学实验教学中心，在此基础上整合了部分专业实验室。2005年被授予河北省首批高等学校实验教学示范中心，2007年10月被批准为国家级实验教学示范中心建设单位，2012年12月通过教育部、财政部验收，正式挂牌成为国家级实验教学示范中心。高分子化学与物理实验室隶属于化学实验教学中心，承担着材料化学、高分子材料与工程专业本科生实验技能的培训工作，同时也服务于河北省重点学科高分子化学与物理的建设。

近年来，在素质教育的潮流下，地方院校加大了对本科生知识结构的调整，尤其是对理工科在校生的人文修养、艺术欣赏等方面的培养。因此本科生的专业课程、实验课程在一定程度上进行了课时压缩。加之，在信息化时代高分子科学取得了突飞猛进的发展，相关的实验技术和仪器设备也不断更新、丰富，学生需要了解和掌握的新知识、新技术也相应增加。在双重压力下早期的实验课程已经不能满足当下的要求，调整有关的实验项目、内容迫在眉睫。

为适应新时期的要求，编者将近年在精品课程建设中取得的教学研究成果及时地融入实验教学中，同时也对部分实验进行调整，达到了压缩课时却不降低教学质量的目标。高分子科学基础实验包括高分子化学实验、高分子物理实验、高分子材料成型加工实验三部分。这三部分所选择的实验内容着重培养学生的基本实验技能，深入了解高分子有关合成、表征、成型的经典实验方法和实验原理，同时也拓宽学生的学习领域。

为了达到上述目标，本实验教材作了如下安排。

第一部分　高分子化学实验。虽然高分子化学实验技术是在有机化学实验技术的基础上发展起来的，但是由于高分子化合物分子量很大，使其具有一系列与小分子不同的性质，因此合成技术也具有自身的特点。编者通过相互穿插的方式，将涉及的四种聚合原理和四种聚合实施方法（原十四项实验内容）压缩到八项实验中，同时为增加学生的学习兴趣，开设了玻璃钢的制备、界面缩聚以及聚乙烯醇（胶水）的制备，强化学生对聚合反应过程的认识深度，增加聚合反应动力学的测定。由于实验课时长的限制，需要较长反应时间的自由基活性可控聚合并未增补到该部分中。

第二部分　高分子物理实验。这部分实验主要涉及的内容是材料的结构表征和性能测试。近年来高分子材料的结构和性能表征手段得到了较大程度的丰富，加之学校对高分子物理实验设备的改善，如增添了凝胶渗透色谱仪、动态力学黏弹谱仪、示差扫描量热仪、热重等进口设备，因此这部分实验内容也进行了较大的调整和补充。主要涉及三个方面：高分子溶液相关的参数测定、分子量表征；聚合物玻璃态相关的玻璃化转变和力学性能的测试；取向态和结晶态相关取向度、结晶度等参数表征等。

第三部分　高分子材料成型加工实验。这部分实验主要涉及材料的成型以及相应的性能参数测定。成型加工的实验内容包含了样品的混炼、造粒及成型。尤其是在成型的实验内容中，增设了吹膜和模压成型。另外，在这部分内容中还尝试开设了综合性实验，如采用不同配方进行混炼造粒，然后通过毛细管流变仪测量其流变性能，讨论不同塑化剂对样品流变性能的影响；通过挤出成型制备标准样条，然后测量样品的硬度、熔体流动速率和抗冲击行为，考察样品配方对这些性能的影响。

最后为了帮助学生加深对实验内容及相关知识点的理解和掌握，实验内容后提出了相应的思考题。为了使实验数据记录更为规范、数据处理更为严格，还制定了相关的实验报告（发邮件到 cipedu@163.com 可免费索取实验报告电子版）。此外本书中也附带了常用数据表，供学生和读者使用。

本书第一部分由王素娟编写，第二部分由白利斌编写，第三部分由宋洪赞编写。全书由白利斌统稿，秦江雷参与了部分编写工作并负责检查及格式修正。

由于编者水平所限，书中不足之处在所难免，欢迎广大读者批评指正！

编者

2018 年 5 月

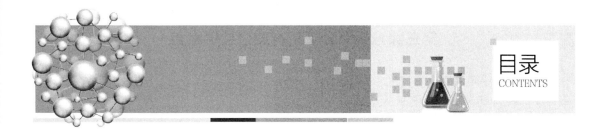

目录
CONTENTS

第一部分　高分子化学实验

第二部分　高分子物理实验

第三部分　高分子材料成型加工实验

附　录

参考文献

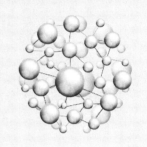

第一部分

高分子化学实验

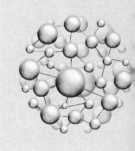

实验一

甲基丙烯酸甲酯的本体聚合

有机玻璃（PMMA）可以通过甲基丙烯酸甲酯（MMA）单体的本体聚合方法制得，PMMA 的链结构中存在庞大的侧基，为无定形固体，其最突出的性能是密度小和高度透明性，故其制品比同体积的无机玻璃制品轻巧得多。同时又具有一定的耐冲击强度与良好的耐热性能，是航空工业与光学仪器制造工业的重要原料。有机玻璃表面光滑，在一定的弯曲限度内，光线可在其内部传导而不逸出，故外科手术中利用它把光线输送到口腔喉部作照明。另外其电性能良好，是很好的绝缘材料。

一、 实验目的

1. 掌握本体聚合基本原理，熟悉有机玻璃柱的制备方法。
2. 通过实验验证聚合速率与引发剂用量的关系。
3. 观察自动加速现象。

二、 实验原理

本体聚合是指不加其他溶剂，只有单体本身在引发剂或光、热等条件下引发进行的聚合。由于没有其他溶剂，本体聚合具备一些其他聚合方法不具备的优点：生产过程比较简单，聚合产物的纯度高，透明性和电性能好，聚合物不需要后处理，可直接聚合成各种规格的板、棒、管制品。但本体聚合也有一些缺点：随着聚合的进行，转化率提高，体系黏度增加导致长链自由基末端被包埋，扩散困难使自由基双基终止速率大大降低，最终导致聚合速率急剧增加而出现所谓的自动加速现象或凝胶效应。自动加速现象将造成体系温度不均，聚合物分子量分布变宽，反应体系中出现气泡，甚至出现温度失控，引起爆聚。因此，本体聚合过程中系统的散热是整个聚合过程控制的关键。为克服这一缺陷，工业上一般采用分段聚合，常称为预聚合和后聚合：预聚合阶段保持较低转化率，这一阶段体系黏度较低，散热尚无困难，可在较大的反应器中进行；后聚合阶段转化率和黏度较大，可采用薄层聚合或在特殊设计的反应器内聚合。

本实验是以甲基丙烯酸甲酯为单体进行的本体聚合，通过预聚合-后聚合的方法生产有机玻璃，并观察不同引发剂用量对聚合速率的影响。

三、 实验原料及仪器

原料：甲基丙烯酸甲酯（MMA）、偶氮二异丁腈（AIBN）。

仪器：恒温水浴槽、温度计、烧杯、试管、玻璃纸。

四、 实验步骤

（1）取 5 支试管，预先用洗液、自来水、蒸馏水依次洗涤干净，烘干备用。

（2）按表 1-1 用量加入 MMA 和 AIBN，为防止水汽进入试管，用玻璃纸将口封好，并在玻璃纸上用针头扎一小孔。

（3）预聚合。将封好的聚合管放入（90±0.1）℃恒温水浴槽中，准确记录放入时间，每隔一定时间观察体系黏度变化情况并摇晃试管使体系温度均匀，分别记录聚合管中变黏稠（以含 10％水的甘油作标准）的时间，以及聚合至不流动的时间（№1 变黏后，重新放入水浴槽，并观察由于体系黏度剧增而产生的自动加速现象）。

表 1-1　引发剂浓度对聚合反应的影响

No	AIBN/mg	MMA/mL	引发剂浓度/(mol/L)	变黏时间/min	不流动时间/min
1	16	3.0			
2	4	3.0			
3	1	3.0			
4	0.25	3.0			
5	0	3.0			

注：№1~4 配法：用天平称取 AIBN 约 21.3mg，加 4mL MMA，此时 3mL MMA 中有 AIBN 约 16mg。用移液管吸出 3mL 加入聚合管 1，余下 1mL 加入 3mL 纯 MMA，搅匀后吸出 3mL 加入聚合管 2 中，依此类推至聚合管 4。

（4）后聚合。将上述预聚合的预聚物，置于 40℃烘箱中继续进行聚合，24h 后，分别升温到 60℃、80℃、100℃并保温 1h。

（5）脱模。聚合完成后，将试管放置在空气中冷却至 60~70℃，用冷水冷却，移去试管，即可得到光滑无色透明的有机玻璃柱。

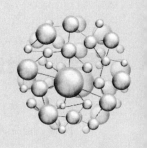

实验二

乙酸乙烯酯溶液聚合

聚乙酸乙烯酯可以采用本体聚合、溶液聚合和乳液聚合等多种聚合方法制备。作为涂料或者黏合剂使用时，通常由乳液聚合合成；用作醇解合成聚乙烯醇时，通常选用溶液聚合合成。乙酸乙烯酯溶液聚合时，可以选用多种溶剂，如甲醇、丙酮、甲苯、二氯乙烷、乙酸乙酯、无水乙醇等。溶液聚合制得的聚乙酸乙烯酯常用来醇解合成聚乙烯醇，所以选用甲醇为溶剂是有利的，因为甲醇的链转移常数比较小，且制成的聚乙酸乙烯酯-甲醇溶液不需要进行分离，可直接进行醇解反应。

溶液聚合的最大缺点就是所用有机溶剂造成的环境污染问题，另外如需得到固体产品，很难将溶剂彻底除去，产品中包含的溶剂可能会对产品性能有影响。因此，在工业上溶液聚合常用于制备以溶液形式直接使用的聚合物产品（涂料、油漆、黏合剂等），较少用于制备颗粒状或者粉状的固体产品。

一、 实验目的

1. 了解溶液聚合的原理及过程。
2. 掌握溶液聚合过程中溶剂的选择原则。

二、 实验原理

溶液聚合是指单体溶解于溶剂中进行聚合的方法。溶液聚合的优点是所有聚合物溶液的黏度较本体聚合低，温度便于控制，聚合热易于消散，所得聚合物的分子量分布较窄。但其缺点是反应速率较慢，分子量较小，纯化溶剂及设备费用较高，以及聚合物中溶剂不易完全去除等。

溶液聚合选用的溶剂可以是水相也可以是有机溶剂，在溶液聚合中溶剂的选择是关键问题，一般从以下几方面考虑：

（1）聚合单体和引发剂的溶解性；

（2）溶剂的沸点满足聚合反应条件，若能在回流条件下进行，既容易控温也有利于热量的散出；

（3）溶剂能否与单体或溶剂发生化学反应，以及溶剂的链转移常数大小；

（4）溶剂的成本及毒性。

三、 实验原料及仪器

原料：乙酸乙烯酯、甲醇、偶氮二异丁腈（AIBN）。

仪器：四口瓶、回流冷凝管、电动搅拌器、加热套、温度计、直型冷凝管、量筒、烧杯。

四、 实验步骤

（1）在装有搅拌器、球形冷凝管和温度计的四口瓶中加入 25mL 乙酸乙烯酯、13mL 甲醇和 0.12g AIBN。

（2）开动搅拌，将反应物逐步升温至（62±2）℃（内温），大约反应 3h。

（3）将回流装置改装为蒸馏装置，收集回流液 5mL，用饱和食盐水检查其中单体的含量（加入足够的饱和食盐水后，回流液分层，上层是单体）。

（4）当回流液中单体含量为 10％～20％（体积分数）时可停止反应。加入甲醇将物料稀释至 40％（聚乙酸乙烯酯的质量分数），然后放置于 250mL 三角锥瓶（干净并干燥）中，留作聚乙酸乙烯酯的醇解实验。

注意：在反应过程中，当物料过于黏稠时，可补加甲醇。每次补加数为 5～10mL，但总甲醇量控制在使反应体系中聚合物浓度为 40％。

实验三

乙酸乙烯酯乳液聚合

在工业上聚乙酸乙烯酯主要以乳液形式使用，为白色乳状液，俗称"白乳胶"。白乳胶的固体含量为 $30\% \sim 60\%$，直径为 $0.2 \sim 10\mu m$，黏度范围较广。因为白乳胶的黏合力强，稳定性好，抗老化性好，不污染，使用方便，价格低廉，所以广泛应用于木材、纸、纤维、皮革等方面的胶黏剂；作为水泥添加剂，可用于室内地板、战舰甲板等；也用于抹墙壁、防水、修补公路路面等方面。

一、 实验目的

1. 了解乙酸乙烯酯乳液聚合与典型乳液聚合体系的区别。
2. 掌握实验室制备白乳胶的技术。
3. 了解乳液聚合配方中各组分的作用。

二、 实验原理

乙酸乙烯酯的乳液聚合机理与典型的乳液聚合机理相似，但是乙酸乙烯酯在水中有较高的溶解度，而且容易水解，产生的乙酸会干扰聚合，因而具有一定的特殊性。乙酸乙烯酯的成核方式以均相成核为主，即在水相中形成的短链自由基从水中沉淀出来，沉淀的粒子从水相和单体液滴中吸附乳化剂分子而稳定，接着再有单体扩散进来，形成乳胶粒。

乙酸乙烯酯乳液聚合常用的是非离子型乳化剂聚乙烯醇。聚乙烯醇主要起到胶体保护作用，防止粒子互相聚并，但形成的乳胶粒粒径较大，不利于长期稳定。如果同时加入少量离子型乳化剂，使乳胶粒外带有电荷，由于电荷的相互排斥作用使乳液更加稳定，且乳胶粒的粒径也会相对减小。本实验将非离子和离子型乳化剂按一定比例混合使用，以提高乳化效果和乳液的稳定性，非离子型乳化剂经常使用聚乙烯醇和聚氧乙烷基苯醚（OP-10），离子型乳化剂常选用十二烷基磺酸钠。

本实验中加入了一定量的非离子型高分子表面活性剂聚乙烯醇，体系黏度较大，为了缩短反应时间，聚合在较高的温度下进行，由于反应热不宜释放，容易出现"爬杆"或"暴聚"现象。为了使反应平稳进行，本实验采用种子乳液聚合方法，单体和引发剂均分两次加入。第一步：加入少许单体、引发剂和乳化剂进行预聚合，可生成颗粒较小的乳胶粒子，即种子。第二步：单体和引发剂采用滴加的方式加入，可有效避免大量聚合热的产生。加入的单体在一定的搅拌条件下使其在原来形成的乳胶粒子上继续长大。由此得到的乳胶粒子，不仅粒度较大，而且粒度分布均匀。

三、实验原料及仪器

原料：乙酸乙烯酯、过硫酸钾（$K_2S_2O_8$）、聚乙烯醇、OP-10、十二烷基磺酸钠、邻苯二甲酸二丁酯、碳酸氢钠（$NaHCO_3$）。

仪器：四口瓶、回流冷凝管、电动搅拌器、加热套、布氏漏斗、抽滤瓶、温度计。

四、实验步骤

1. 聚乙烯醇的溶解

称取 1.5g 聚乙烯醇溶解于 20mL 蒸馏水中，搅拌，缓慢升温至 90～95℃，使聚乙烯醇完全溶解为澄清溶液，冷却至室温备用。

2. 乳液聚合

在装有搅拌器、球形冷凝管、恒压滴液漏斗和温度计的四口瓶中加入上述溶解好的聚乙烯醇溶液、4 滴 OP-10，搅拌乳化 5min 后，加入 5mL 乙酸乙烯酯、0.3g 十二烷基磺酸钠及一半 $K_2S_2O_8$ 溶液（0.4g $K_2S_2O_8$ 溶于 8mL 蒸馏水中），升温至 60～65℃，待体系转变成乳白色后，继续反应 0.5h。向体系中加入另一半 $K_2S_2O_8$ 溶液，并用恒压滴液漏斗向体系中缓慢滴加剩余的 8mL 乙酸乙烯酯（30～40 滴/min），并控制反应温度不变。滴加完毕后，将反应体系缓慢升温至 80～85℃，继续反应 0.5h。室温冷却，将体系冷却到 50℃ 以下，加入 0.06g $NaHCO_3$ 溶于 1.5mL 的水溶液调节体系 pH，再加入 2.5mL 邻苯二甲酸二丁酯，继续搅拌 20min。冷却至室温即得成品白乳胶，可直接作黏合剂使用，也可加水稀释并混入色料制成各种颜色的油漆，称为乳胶漆。

3. 固含量的测定

取一培养皿称重，称取制得的白乳胶 1g 左右置于培养皿中，在烘箱中干燥至恒重，计算固含量。

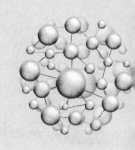

实验四

苯乙烯的悬浮聚合

苯乙烯是一种比较活泼的单体，很容易进行自由基聚合。工业上利用发泡型苯乙烯粒料制造聚苯板，利用交联结构的聚苯乙烯小球制备离子交换树脂。这些球状的聚苯乙烯粒料尺寸分布在几十至几百微米。该类粒料的制备通常是采用悬浮聚合。苯乙烯在水中的溶解度很小，将苯乙烯与水混合后，借助搅拌可以使苯乙烯分散成小液滴，聚合反应便发生在这些小液滴中，因此该类反应体系是在水相中进行的，具有绿色环保的特点。

一、实验目的

1. 掌握悬浮聚合原理及各组分在聚合过程中的作用。
2. 了解悬浮聚合操作过程中的注意事项。

二、实验原理

悬浮聚合是指单体在不溶解的介质中，借助于机械搅拌作用，分散成小的液滴，在这种液滴下进行的聚合。悬浮聚合也可以看作小液滴的本体聚合，根据聚合体在单体中溶解与否，可得到透明或不透明的颗粒聚合物。如苯乙烯、甲基丙烯酸甲酯聚合所得悬浮聚合物多是透明的珠状物，故又称珠状聚合；而像氯乙烯悬浮聚合因聚合物不溶于单体，是不透明不规整的乳白色小颗粒。

悬浮聚合中，一般单体不溶于水，所以多使用水作分散介质。工业上悬浮聚合的水与单体的体积比为 $1:1\sim4:1$，在实验室中为了操作便利比例可高达 $8:1$。常用的引发剂是能溶于油相单体的油溶性引发剂，如过氧化二苯甲酰、偶氮二异丁腈等。聚合在转化率达到 20% 时，由于粒子的黏性增加，产生粒子间的粘连现象，常粘成一团形状不均匀的粒状聚合物。为使聚合过程中的分散液滴保持稳定的形状，常加入悬浮稳定剂，常见的悬浮稳定剂有水溶性的高聚物，如乙烯醇（一般用 88% 醇解度）、白明胶、聚甲基丙烯酸钠；不溶于水的无机物微粒粉末，如硅藻土，钙、镁、钡碳酸盐等。

悬浮聚合必须很好地控制搅拌速率。搅拌太慢则珠状不规则，且颗粒易于凝聚；搅拌太快，则颗粒易变形，且易因搅拌时带入空气而使颗粒中形成空洞。搅拌器形状对颗粒的大小形状也有直接影响。

三、 实验原料及仪器

原料：苯乙烯、过氧化二苯甲酰、蒸馏水、聚乙烯醇、亚甲基蓝。

仪器：四口瓶、球型回流冷凝管、电动搅拌器、水浴锅、布氏漏斗、吸滤瓶、温度计、烧杯。

四、 实验步骤

（1）准确称取 10g 苯乙烯、0.2g 过氧化二苯甲酰于小烧杯中，使过氧化二苯甲酰完全溶解。

（2）在装有搅拌器、温度计及回流冷凝管的四口瓶中加入 40mL 蒸馏水、2mL 5％聚乙烯醇、3 滴亚甲基蓝及步骤（1）所准备的反应液。

（3）开动搅拌，控制搅拌速率，使苯乙烯单体分散成大小合适的液滴（约小于小米粒），缓慢升温（1～2℃/min）至 70℃，在此温度下反应 1h。

（4）再升温至 85～87℃，反应 1h（注意此阶段应避免搅拌速率过慢，以防聚合物颗粒结成块），当小球定型固化后（不可停搅拌取出小球检查），可升温至 95℃ 左右，继续反应 1h。

（5）停止加热，继续搅拌下用冷水将反应体系冷却至室温。停止搅拌，取下四口瓶，过滤，用热水洗涤 2～3 次以除去聚乙烯醇，得到透明聚合物小球。

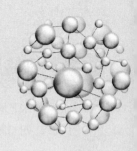

实验五

苯乙烯和马来酸酐的交替共聚合

自由基共聚合是指两种或者两种以上单体参与的自由基聚合反应。两种单体参与的为二元共聚，多种单体参与的为多元共聚。对于二元共聚物，按照大分子中结构单元的排列情况，可以分为无规共聚物、交替共聚物、接枝共聚物和嵌段共聚物四种。其中，交替共聚物因其结构特殊，两种单体需形成较强的相互作用，才有可能实现交替共聚。

一、 实验目的

1. 了解沉淀溶液聚合的特点。
2. 掌握苯乙烯与马来酸酐发生自由基交替共聚的基本原理。

二、 实验原理

马来酸酐（顺丁烯二酸酐）为 1,2-二取代的烯类单体，空间位阻较大，一般很难发生自聚反应，但却能与苯乙烯发生自由基共聚并形成具有规整结构的交替共聚物，这主要与两个单体本身的结构有关。原因在于马来酸酐的双键上带有两个强吸电子的酸酐基团，使双键上电子云密度减小而呈现正电性，而苯乙烯是一个具有共轭效应的单体，电子云流动性较强，在带正电的顺丁烯二酸酐的诱导作用下，苯环上的电荷向双键流动，使双键呈现负电性，因此容易形成稳定的正负相吸的配合物。这种配合物可以看作一个大单体，在引发剂作用下发生自由基共聚合，形成具有规整交替结构的共聚物。如图 1-1 所示。

图 1-1　交替共聚示意图

这样的单体在自由基引发下进行共聚合反应时：①当单体的组成比为 1 : 1 时，聚合反应速率很大；②不管单体组成比如何，总是得到交替共聚物；③加入 Lewis 酸可以增强单体的吸电子性，从而提高聚合反应速率；④链转移剂的加入对聚合物分子量影响甚微。

另外，通过两种单体的 e 值（单体的极性）和竞聚率（r_1 和 r_2 值）也可以判定两种单体发生自由基共聚反应得到的聚合物趋近于交替共聚。

两种单体的结构决定了得到的共聚物不溶于四氯化碳、氯仿、苯等非极性或极性较小的溶剂，在这些溶剂中聚合则为非均相溶液聚合（沉淀聚合）；但是可溶于极性较强的四氢呋喃、二氧六环、二甲基甲酰胺、乙酸乙酯等溶剂，在这些溶剂中聚合则为均相溶液聚合。因此，苯乙烯-顺丁烯二酸酐的交替共聚反应，选择不同溶剂可以采用均相溶液聚合或者沉淀聚合两种方法。本实验采用乙酸乙酯作为溶剂进行均相溶液聚合。

三、　实验原料及仪器

原料：乙酸乙酯、苯乙烯、马来酸酐、过氧化二苯甲酰、无水乙醇。

仪器：四口瓶、回流冷凝管、电动搅拌器、水浴锅、布氏漏斗、吸滤瓶、温度计。

四、　实验步骤

（1）在装有搅拌器、温度计及回流冷凝管的四口瓶中加入 60mL 乙酸乙酯、1.04g 新蒸馏的苯乙烯、0.98g 马来酸酐及 0.01g 过氧化二苯甲酰，将反应混合物在室温下进行搅拌，直到全部溶解成溶液。

（2）继续搅拌，冷凝管通入冷却水，同时把反应混合物在水浴锅中加热至沸腾。

（3）反应 1.5h 后停止加热，混合物冷却到室温，无水乙醇作为沉淀剂进行沉淀，过滤得到白色固体。在真空下干燥，称重，计算产率（％）。

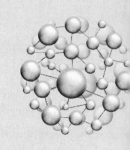

实验六

膨胀计法测定苯乙烯自由基聚合反应速率

聚合反应速率的测定是自由基聚合动力学研究的一项重要内容，能反映自由基聚合中各类因素对聚合反应速率的影响，对工业生产和理论研究具有重要意义。聚合反应速率以单位时间内单体消耗量或单位时间内聚合物生成量表示，但最基础的实验数据是转化率-时间数据，测定方法主要有直接法和间接法。

间接法是利用聚合反应过程中某物理量的变化测定聚合反应速率，这些参数必须是正比于反应物或产物的浓度。本实验采用膨胀计法测定苯乙烯本体聚合的反应速率。测定原理是基于聚合物和单体密度的不同来测定的。聚合物的密度大于单体密度，随着转化率的提高，体积不断收缩，因此，只要在反应过程中不断检测体积的变化，就可以得出此时对应的单体转化率。为了更好地观察，将聚合反应置于一根直径很小的毛细管中，会很大程度上提高测试灵敏度，这种方法就是膨胀计法。

一、 实验目的

1. 掌握膨胀计测定聚合反应速率的原理。
2. 掌握膨胀计的使用方法。

二、 实验原理

膨胀计主要由上、下两部分组成：上部是带有刻度的毛细管；下部是聚合反应瓶。将溶解有引发剂的单体充满膨胀计到一定刻度，置于恒温水浴中进行反应。聚合开始后会发生体积收缩，转化率为 100% 时的体积收缩可以表示为：

$$K = \frac{V_m - V_P}{V_m} \times 100\%$$

式中，K 为体积收缩率；V_m 为单体比体积；V_P 为聚合物比体积。假设反应不同时间测得的体积收缩值为 ΔV，单体转化率（$C\%$）与聚合体积收缩率（$\Delta V / V_0$）呈线性关系，可以表示为：

$$C\% = \frac{1}{K} \times \frac{\Delta V}{V_0}$$

式中，V_0 为原始体积。由测得数据作出单体转化率-时间曲线图，可以进一步得出不同时间的反应速率。

用膨胀计法测定自由基聚合反应速率的方法既准确又简单，但是此方法只适用于测量低转化率（10％以下）的聚合反应速率。大于此转化率时，体系黏度增大，导致自动加速现象，此时聚合反应速率与体系收缩不再呈正比关系。

三、实验原料及仪器

原料：苯乙烯、过氧化二苯甲酰（BPO）。

仪器：烧杯、膨胀计、恒温水浴槽、移液管、分析天平。

四、实验步骤

（1）调节恒温水浴槽温度为 66℃。

（2）将膨胀计磨口涂上凡士林，为防止泄漏，用橡皮筋将膨胀计的毛细管和聚合瓶固定好，用分析天平称重，质量记为 m_1。

（3）用移液管移取 25mL 苯乙烯和相当于苯乙烯质量 1％的 BPO，使 BPO 完全溶解。

（4）将溶有 BPO 的苯乙烯装入膨胀计中，液面在膨胀计毛细管 1/3 处，用橡皮筋固定好后，用滤纸将溢出的单体吸干，用分析天平称取此时膨胀计的质量，记为 m_2，则 $m_2 - m_1$ 即为实际装入膨胀计中的单体的质量。

（5）将膨胀计放入恒温水浴中，保证液面在磨口以上。膨胀计中的苯乙烯单体由于受热而体积膨胀，记下液面上升到的最高刻度为零点。

（6）随着反应进行，体积收缩，液面开始下降，每隔 5min 记录一次液面高度，共记录 8 个数据。

（7）取出膨胀计，将混合液倒入回收瓶。清洗膨胀计。

（8）处理实验数据，做出单体转化率-时间曲线图，计算聚合反应速率。

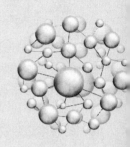

实验七

四氢呋喃阳离子开环聚合

聚四亚甲基醚二醇即聚四氢呋喃是生产聚酯、聚氨酯、热塑性聚亚胺酯和聚醚酰胺的重要原料。该聚合物广泛应用于弹性体、涂料、人造革及黏合剂等领域。工业上聚四氢呋喃是通过阳离子开环聚合制备的。阳离子开环聚合是一类有重要意义的合成反应，广泛用于制备杂链高分子，但是由于聚合过程中反应复杂，副反应繁多，产物为分子量较低的齐聚物。因此阳离子开环聚合仍是目前研究的热点。

一、 实验目的

1. 了解阳离子开环聚合的原理。
2. 掌握四氢呋喃阳离子开环聚合的实验室操作。

二、 实验原理

开环聚合是指环状单体在某种引发剂或催化剂作用下开环，形成线形聚合物的过程，如图 1-2 所示。环状单体能否开环聚合主要取决于热力学因素，环张力较大的单体容易开环聚合，张力较小的单体难以开环聚合。环醚类单体是能够进行开环聚合的一类重要的单体，可以在质子酸或 Lewis 酸作用下进行阳离子开环聚合。而环氧乙烷由于张力大，可以进行阳离子和阴离子开环聚合。但由于阳离子条件下有较强的成环倾向，工业上一般采用阴离子开环聚合的方法。

$$R-X \longrightarrow +R-X+_n$$

图 1-2 开环聚合示意图

环醚开环聚合时，活性中心一般不是阳离子而是三级氧鎓离子。四氢呋喃是五元环，环张力小，进行阳离子开环聚合活性较低，因此对单体的精制和引发剂的选择都有较高的要求。用一般的引发剂进行聚合，不仅聚合速率较低，而且只能得到分子量为几千的聚合物，因此往往加入三元环醚（如环氧乙烷）作为四氢呋喃开环聚合的促进剂。Lewis 酸首先与环氧乙烷反应生成更活泼的仲或叔氧离子，再引发活性小的四氢呋喃进行聚合。

阳离子聚合可以发生向单体、引发剂、溶剂的链转移反应，另外很容易发生分子内重排反应，影响因素多且复杂。这些副反应的发生对所制得聚合物的聚合度和分子量有很大影响，而降低温度可以减弱由于这些副反应的发生而引起的终止反应，延长活性种的寿命，从而提高分子量，所以阳离子聚合常常在较低温度下进行。

本实验采用三氟化硼乙醚为引发剂，同时向体系中加入活性较大的环氧氯丙烷作为促进剂，在低温下引发四氢呋喃单体进行阳离子开环聚合制备聚四氢呋喃。

三、　实验原料及仪器

原料：四氢呋喃、环氧氯丙烷、三氟化硼乙醚、盐酸、甲醇。

仪器：试管、氮气袋、移液管、翻口塞、注射器、低温反应浴、长针头、烧杯、布氏漏斗、抽滤瓶。

四、　实验步骤

（1）向预先洗净并彻底干燥的试管中加入 10mL 四氢呋喃（金属钠干燥后蒸馏），塞上翻口橡皮塞。通氮气至少 15min。

（2）用微量注射器向体系中加入约 0.1mL 环氧氯丙烷，冰水浴中冷却 10min 后，用注射器加约 170mg 三氟化硼乙醚（约 20 滴），摇匀后放入冰水中，并不时摇动，观察溶液黏度变化。

（3）待反应约半小时后溶液变稠，黏度继续慢慢增加时，再将聚合试管置于−15℃左右的冰箱中放置 24h 进行聚合。

（4）取出聚合试管，去掉翻口塞，加几滴含有盐酸的甲醇-水混合液终止聚合，将聚合物转入 100mL 烧杯中，用甲醇冲洗三次，抽滤，室温下干燥，得白色蜡状聚四氢呋喃。

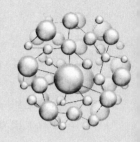

实验八

苯乙烯、甲基丙烯酸甲酯和丙烯腈的阴离子聚合

因为阴离子聚合具有活性特点，能够对聚合物分子结构进行设计和精确控制，通过该方法制备的均聚物、共聚物在各个领域得到广泛的使用。如利用阴离子聚合可制备不同结构的双亲聚合物，然后进行自组装、光交联制备了星形高分子胶束、平头状高分子胶束、高分子刷、高分子纳米纤维、可调纳米孔道的高分子薄膜。此外，通过阴离子活性分散聚合制备核壳高分子聚合物，进而将其壳层硫化交联，所得材料为自增强弹性体。

一、 实验目的

1. 掌握阴离子聚合的机理及特点。
2. 了解正丁基锂引发阴离子聚合操作过程中的注意事项。

二、 实验原理

离子聚合根据活性中心离子所带的电荷，分为阳离子聚合和阴离子聚合。可以进行阴离子聚合的单体有以下几种：带有吸电子取代基的乙烯基单体、含羰基化合物和杂环化合物。引发体系主要有：烷基碱金属，以丁基锂为代表；芳烃碱金属，以萘钠为代表；碱金属，以 Na 及 Li 为代表。它们引发烯类聚合的机理分别表示如下。

（1）烷基碱金属

$$C_4H_9^-Li^+ + CH_2=CH(X) \longrightarrow C_4H_9-CH_2-\bar{C}H(X) - - - Li \quad \text{单体插入，增长}$$

（2）芳烃碱金属

$$Na + (C_{10}H_8) \longrightarrow Na^{\ominus}\left(\cdot (C_{10}H_8) \right)$$

或 $(C_{10}H_8)^- \cdots\cdots Na^+$

$$(C_{10}H_8)^- \cdots\cdots Na^+ + CH_2=CH(C_6H_5) \longrightarrow (C_{10}H_8) + (\cdot CH_2-CH(C_6H_5))^{\ominus} Na^{\oplus}$$

$$2(\overset{\cdot}{C}H_2-CH^{\ominus}Na^{\oplus}) \longrightarrow Na^+----CH-CH_2-CH_2-CH----Na^+$$

单体插入,增长　　　　　　　　单体插入,增长

（3）碱金属

$$Na + CH_2=\overset{|}{CH} \longrightarrow Na^+--\overset{-}{C}H-CH_2^{\cdot}$$

$$2Na^+-\overset{-}{C}H-CH_2^{\cdot} \longrightarrow Na^+----CH-CH_2-CH_2-CH----Na^+$$

单体插入,增长　　　　　　　　单体插入,增长

　　其中（1）是阴离子作用于单体双键形成负碱离子的机理，为单阴离子引发；（2）和（3）是由电子转移机理，为双阴离子引发。本实验是以丁基锂为引发剂进行苯乙烯、甲基丙烯酸甲酯、丙烯腈的阴离子聚合，并通过交叉实验验证了单体活性顺序。

三、 实验原料及仪器

　　原料：正丁基锂、苯乙烯（St）、丙烯腈（AN）、甲基丙烯酸甲酯（MMA）、正丁烷。
　　仪器：试管、氮气袋、移液管、翻口塞、注射器。

四、 实验步骤

　　（1）将洗净并彻底烘干的三支试管编号为 a、b、c，分别向其中加入 2mL 干燥且新蒸的 St、MMA 和 AN 单体及 4mL 干燥的正丁烷作为溶剂。
　　（2）每支试管通纯化氮气约 5min（通氮气时将毛细管插入液体底部），塞紧翻口塞。
　　（3）用注射器分别向三支试管中加入引发剂正丁基锂，分别观察并记录溶液的颜色变化。
　　（4）聚合完成后，两组同学合作进行交叉实验，即向两个 a 试管中分别加入 MMA、AN，向两个 b 试管中分别加入 St、AN，向两个 c 试管中分别加入 St、MMA，仔细观察并记录溶液的颜色变化。从现象总结出三种单体进行阴离子聚合的活性大小顺序。

实验九

己二胺和己二酰氯的界面缩聚反应

　　界面缩聚是逐步聚合反应所特有的一种聚合实施方法，是指两种单体分别溶于两种互不相溶的溶剂中，将两种溶液混合后在两相界面处进行的聚合反应。界面缩聚的优点如下。

　　（1）所选用的单体活性高，比如常用二酰氯作为反应原料。

　　（2）反应温度较低，一般在室温下可以进行。

　　（3）利用其他实施方法制备线形缩聚物时，需要求两官能团严格等摩尔比，否则过量官能团会起到封端作用，无法得到高分子量聚合物。而界面缩聚只取决于界面处反应物的浓度，因此对单体纯度和官能团等摩尔比要求不严格。

　　（4）聚合物在界面处迅速生成，分子量与官能团的总反应程度无关。

　　（5）整个反应体系为非均相，聚合速率由两相单体的扩散速率决定，大部分反应在有机相一侧进行，有机溶剂的选择对产物分子量的大小有非常重要的影响。

　　界面缩聚的主要缺点是所用原料酰氯价格较贵，溶剂用量大，设备利用率低，溶剂回收麻烦，另外，大量使用有机溶剂会造成环境污染。

一、 实验目的

　　1. 掌握界面缩聚的基本原理。
　　2. 了解界面缩聚实验操作的注意事项。

二、 实验原理

　　本实验中，选用己二胺和己二酰氯为单体进行界面缩聚，由于酰化反应活性较高，反应迅速实施，聚合物在有机相与水相混合后在界面处迅速生成。为保证反应持续进行，需要及时将聚合物取出，另外在水相中加入碱中和生成的酸。界面缩聚反应可以采用搅拌和不搅拌两种形式，两种情况下反应原理相同，但所得聚合物的形状、产率等会有所不同，本实验中采用不搅拌反应体系。

三、 实验原料及仪器

　　原料：己二胺、己二酰氯、氯仿、氢氧化钠、蒸馏水、乙醇（或丙酮）。

仪器：烧杯、玻璃棒、镊子、剪刀。

四、 实验步骤

（1）在干燥的烧杯中加入 1mL 己二酰氯、30mL 氯仿，混合均匀配成有机相。

（2）在另一烧杯中加入 1mL 己二胺、1g 氢氧化钠、30mL 蒸馏水，搅拌使完全溶解配成水相。

（3）将水相沿玻璃棒慢慢倒入有机相中，可立即在界面处看到有聚合物膜生成。

（4）用镊子轻轻将聚合物膜夹起，缠绕在玻璃棒上，转动玻璃棒并慢慢拉起，将持续生成的聚合物膜缠绕在玻璃棒上。

（5）将缠绕到玻璃棒上的聚合物膜取下，用 5％乙醇水溶液（或丙酮）洗涤数次。

（6）用蒸馏水冲洗、压干、剪碎，在真空干燥箱中于 60℃下干燥。称重，计算产率。

五、 注意事项

（1）为防止混合时两相界面被破坏，水相要沿器壁慢慢注入。

（2）拉丝的难易程度与两种溶液的浓度和拉丝速度有关。

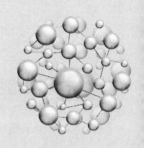

实验十

不饱和聚酯的合成及玻璃纤维增强塑料的制备

不饱和聚酯是分子主链中含有不饱和键的聚酯，是通过二元醇与二元酸间的逐步聚合得到的。因为此类高分子中含有双键，可以通过分子间反应生成交联网状或体状结构的聚合物，由线形变为体形的过程叫熟化（或变定、固化），因此从不饱和聚酯做成再制品的过程，一般分为两步，第一步合成不饱和聚酯，第二步交联固化。在纤维增强塑料中，热固性树脂的应用品种很多，其中不饱和聚酯树脂的用量很大。如采用间苯二甲酸聚酯制备的玻璃纤维增强塑料广泛地应用于游艇、救生艇、冲锋舟、渔船和养殖船等。

一、 实验目的

1. 了解不饱和聚酯的合成原理及方法。
2. 了解玻璃纤维增强塑料的制备原理和过程。

二、 实验原理

本实验以顺丁烯二酸酐、邻苯二甲酸酐和乙二醇为原料，通过熔融缩聚合成不饱和聚酯。此聚合实施方法与自由基聚合中的本体聚合相似，最大的优点是体系组成比较简单，产物后处理容易，工业上可以实现连续生产。缺点是反应温度较高，易发生副反应；要得到高分子量的线形缩聚物必须严格要求反应官能团等摩尔比，对原料纯度要求较高；另外大多数缩聚为可逆反应，要提高产物分子量必须彻底除去小分子副产物，反应常常需要在高真空条件下进行，对设备要求较高。本实验的反应程度通过测定体系的酸值来确定。不饱和聚酯在引发剂过氧化苯甲酰存在下，发生交联固化反应，制备纤维增强塑料。

三、 实验原料及仪器

原料：顺丁烯二酸酐、邻苯二甲酸酐、乙二醇、苯乙烯、对苯二酚、过氧化二苯甲酰、苯-甲醇溶液（1∶1）、KOH-乙醇溶液、酚酞指示剂。

仪器：四口瓶、冷凝管、温度计、干燥管、蒸馏瓶、水分离器、烧杯、锥形瓶、碱式滴定管、平板瓷板、玻璃纸、刮刀、玻璃棒、玻璃布。

四、实验步骤

（1）向装有温度计、搅拌器、N_2 导管冷凝管和水分离冷凝管的四口烧瓶中加入 12.25g 顺丁烯二酸酐、12.95g 邻苯二甲酸酐、13.95g 乙二醇。通 N_2 以置换瓶中的空气，控制气流速度为每分钟 100～200 个气泡。

（2）开始加热，待反应物熔融后，开始搅拌，升温至 140～160℃，反应 1h，再逐步升温到 195～200℃，反应 2h。

（3）取样，用滴定法测定酸值，当酸值达到 60～70mg KOH/g 时，停止反应。将树脂冷却到 100℃以下，倾出，称重。

（4）分别称取苯乙烯（树脂质量的 25%）、过氧化二苯甲酰（树脂质量的 0.3%～0.5%）、对苯二酚（树脂质量的 0.02%～0.03%）。苯乙烯的总量中先取出 2mL 溶解过氧化二苯甲酰，剩余都溶解对苯二酚，在不断搅拌下把溶有对苯二酚的苯乙烯倒入树脂中，搅拌到均匀不分层时，再将溶有过氧化二苯甲酰的苯乙烯与其混合均匀，待用。

（5）制作玻璃钢：将一张玻璃纸平铺于平滑的玻璃板上，用刮刀刮一层树脂，然后铺上第一层玻璃布（要经过表面处理，见知识拓展）；再刮一层树脂，铺上第二层玻璃布，如此重复操作直到第十层。最后再刷上一层树脂盖上另一张玻璃纸，用玻璃棒从板中心向两旁平铺驱除气泡，上面压一块玻璃板，并在其上加一定负荷，放置过夜。次日于 100～105℃烘 2h，取出冷却至室温，即得不饱和聚酯增强塑料——玻璃钢。

五、知识拓展

1. 树脂酸值的测定

中和 1g 树脂中所含的游离酸所需的 KOH 质量（mg），称为酸值（或酸度）。

操作步骤：用滴管吸取 0.5g 左右的树脂于 125mL 锥形瓶中，加入苯-甲醇（1∶1）混合液 10mL，摇匀溶解后，再加入 2～3 滴酚酞指示剂，以 0.2mol/L KOH-乙醇标准溶液滴定至粉红色不褪色为止。另做一个平行的空白实验。计算酸值。

2. 玻璃布的处理

玻璃纤维增强塑料的性能取决于树脂的性质，以及与玻璃布之间黏结的好坏。一般玻璃纤维制品，由于纤维表面涂有纺织型浸润剂（如石蜡、硬脂酸、凡士林、高速机油等），这些与树脂黏合不良，但去除了这层浸润剂后，裸露的玻璃纤维表面很光滑，会吸附空气中的水，形成难以除去的水分子层，也影响树脂与玻璃纤维的黏合，所以玻璃布的处理包括两步：①除去玻璃纤维布的表面保护胶层；②以改善玻璃纤维表面为目的，用化学试剂进行表面处理。

3. 除去表面保护胶的方法

（1）热处理法

① 低温热处理法：玻璃布连续通过 500～650℃的高温炉。

② 低温热处理法：玻璃布在 250℃下除去挥发物，再加热至 300～350℃分解保护胶。

（2）水洗法　用各种洗涤剂如肥皂或脲溶液与清洁剂的混合液等煮洗，用水冲干净，烘干。例如把玻璃布浸入 20％肥皂液煮洗 20min，然后用水冲洗干净，烘干。

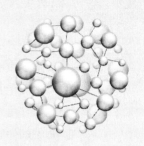

实验十一

聚乙烯醇的制备及缩醛化反应

聚乙烯醇是一种水溶性高聚物。由于其具有独特的黏结力、皮膜柔韧性、平滑性、耐油耐溶剂性、保护胶体性、气体阻绝性、耐磨耗性等，该材料被大量用于生产涂料、黏合剂、纤维浆料、纸品加工剂、乳化剂、分散剂、薄膜等产品，应用范围遍及建筑、木材加工、造纸、纺织、食品、医药等行业，具有十分优良的应用前景。因为聚乙烯醇对应的单体乙烯醇极不稳定，极易进行分子重排转化为乙醛，所以聚乙烯醇并非由乙烯醇直接聚合而成，而是要通过其他间接的方法制备。

一、 实验目的

1. 掌握高分子化学反应的基本原理。
2. 了解聚乙酸乙烯酯醇解的影响因素。
3. 了解聚乙烯醇缩醛化反应的影响因素。

二、 实验原理

本实验采用聚乙酸乙烯酯醇解法制备聚乙烯醇。醇解可以在酸性或者碱性条件下进行。如果在酸性条件下进行，反应结束后痕量的酸很难从产物中除去，少量的残留酸可能会加速聚乙烯醇的脱水反应，使产物变黄或者不溶于水，因此目前工业上多采用碱性醇解法。碱性醇解又分为湿法醇解和干法醇解。湿法醇解就是聚乙酸乙烯酯的甲醇溶液中含有 $1\% \sim 2\%$ 的水，催化剂也配成水溶液，反应速率快，但是副反应多，生成的乙酸钠多。干法醇解就是反应体系中几乎不含水，反应速率慢，但副产物少。

聚乙酸乙烯酯的醇解过程中主要有以下影响因素。

（1）碱的用量。加大用量对醇解反应的速率和产物的醇解度影响不是特别大，但是会增加副产物乙酸钠的含量。

（2）聚合物的浓度。浓度太低，造成溶剂的浪费和加大回收工作量；浓度太高，产物醇解度下降。

（3）反应温度。升高温度使醇解反应速率加快，同时副反应也相应增加。

（4）相变。此反应中由于生成的聚乙烯醇不溶于甲醇，会出现相变。醇解进行好坏的关键是在于体系中刚刚出现相变时，必须强烈搅拌打碎，保证醇解反应顺利进行。

聚乙烯醇中含有大量的羟基，可以进行醚化、酯化及缩醛化等反应，尤其是缩醛化反应在工业上具有重要的意义。本实验采用丁醛进行缩醛化反应，聚乙烯醇缩丁醛是制备安全玻璃中间夹层的原料，在两块玻璃之间夹上 0.3～0.5mm 的聚乙烯醇缩丁醛就可以得到安全玻璃。

三、 实验原料及仪器

原料：40％聚乙酸乙烯酯-甲醇溶液（本部分实验二中的合成产物）、甲醇、10％的 $NaOH-CH_3OH$、饱和食盐水、乙醇、蒸馏水。

仪器：四口瓶、回流冷凝管、电动搅拌器、加热套、温度计、真空烘箱、分析天平、布氏漏斗、抽滤瓶、滤纸、三口瓶、水浴锅。

四、 实验步骤

1. 聚乙酸乙烯酯的醇解反应

（1）在装有搅拌器、冷凝管和温度计的四口瓶中，加入 7.5mL 40％的聚乙酸乙烯酯的甲醇溶液和 45mL 甲醇，搅拌 10min，使聚乙烯醇完全溶解。

（2）控制温度为（27±2）℃（内温），缓慢滴加 10％ $NaOH-CH_3OH$ 溶液 0.7mL（滴加速度以 0.5 滴/s 为宜，并伴随快速搅拌），仔细观察体系变化情况。

（3）反应 40min～1h 后，体系会发生相变，即物料黏度变大，甚至成为冻胶，必须通过强烈搅拌将其分散。

（4）相变后，再滴加 0.3mL 10％的 $NaOH-CH_3OH$ 溶液，并逐渐升温至 40℃继续反应 1h。停止反应，将物料抽滤得白色的聚乙烯醇固体。

（5）用乙醇洗涤三次，抽干，产物置于滤纸上晾干，然后放入真空烘箱中，在 50℃下干燥至恒重，计算产率。

2. 聚乙烯醇缩丁醛的合成

（1）在装有回流冷凝管与搅拌器的 100mL 三口瓶中，加入 2.2g 聚乙烯醇、2.2g 85％的甲酸溶液和 60mL 蒸馏水。

（2）开动搅拌，加热使聚乙烯醇全部溶解，然后把水浴温度控制在 40～60℃，加入 2g 丁醛，继续搅拌，20min 左右即出现白色的产物。

（3）反应半小时即可停止，取出产物，先用冷水洗涤，后用热水洗涤，干燥得白色聚乙烯醇缩丁醛，称重，计算产率。

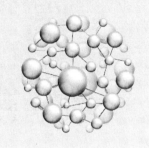

第二部分

高分子物理实验

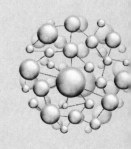

实验一

渗透压法测定聚苯乙烯分子量和 Huggins 参数

高分子聚合物是由共价键将多个重复单元连接而形成的长链分子。其与小分子的主要区别在于分子量远远超越了小分子。随着聚合物分子量的增加，分子链的构象数目发生较大改变，分子链聚集时形成相互贯穿、相互缠绕的聚集态，使得材料的加工性能、力学性能、光学性能甚至电学性能都受到较大的影响。因此高分子的分子量是高分子材料的重要物理参数。基于聚合物的分子结构和相关物理性能，如高分子稀溶液的依数性、高分子稀溶液分子对激光的散射行为、高分子溶液的黏度等，利用其物理参数可以计算高分子材料的分子量。渗透压是高分子稀溶液依数性的一种。尽管渗透压法测定聚合物分子量所需时间较长，但其测试设备简单，同时利用该方法还能够获取高分子溶液的第二维里系数，因此该方法在实际应用中仍有很大的使用空间。

一、 实验目的

1. 了解高聚物溶液渗透压的测量原理。
2. 掌握动态渗透压法测定聚合物的数均分子量的方法。

二、 实验原理

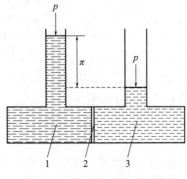

图 2-1　半透膜渗透作用示意图
1—溶液池；2—半透膜；3—溶剂池

1. 理想溶液的渗透压

从溶液的热力学性质可知，溶液中溶剂的化学势比纯溶剂的小，当溶液与纯溶剂用一半透膜隔开（见图 2-1）时，溶剂分子可以自由通过半透膜，而溶质分子则不能。由于半透膜两侧溶剂的化学势不等，溶剂分子经过半透膜进入溶液中，使溶液液面升高而产生液柱压强，溶液随着溶剂分子渗入而压强逐渐增加，其溶剂的化学势亦增加，最后达到与纯溶剂化学势相同，即渗透平衡。此时两边液柱的压强差称为溶剂的渗透压（π）。

理想状态下的 Van't Hoff 渗透压公式：

$$\frac{\pi}{c} = \frac{RT}{M} \tag{1}$$

式中，c 为溶液浓度；R 为气体常数；M 为溶质的分子量；T 为绝对温度。

2. 聚合物溶液的渗透压

高分子溶液中的渗透压，由于高分子链段间以及高分子和溶剂分子之间的相互作用不同，高分子与溶剂分子大小悬殊，使高分子溶液性质偏离理想溶液的规律。实验结果表明，高分子溶液的比浓渗透压 $\frac{\pi}{c}$ 随浓度而变化，常用维里展开式来表示：

$$\frac{\pi}{c} = RT\left(\frac{1}{M} + A_2 c + A_3 c^2 + \cdots\right) \tag{2}$$

式中，A_2 和 A_3 分别为第二和第三维里系数。

通常，A_3 很小，当浓度很稀时，对于许多高分子-溶剂体系高次项可以忽略。则式（2）可以写作：

$$\frac{\pi}{c} = RT\left(\frac{1}{M} + A_2 c\right) \tag{3}$$

即比浓渗透压 $\frac{\pi}{c}$ 对浓度 c 作图是呈线性关系，如图 2-2 的线 2 所示，往外推到 $c \to 0$，从截距和斜率便可以计算出被测样品的分子量和体系的第二维里系数 A_2。

但对于有些高分子-溶剂体系，在实验的浓度范围内用 $\frac{\pi}{c}$ 对 c 作图，如图 2-2 线 3 所示，明显弯曲。可用下式表示：

$$\left(\frac{\pi}{c}\right)^{\frac{1}{2}} = \left(\frac{RT}{M}\right)^{\frac{1}{2}} + \frac{1}{2}\left(\frac{RT}{M}\right)^{\frac{1}{2}} \Gamma_2 c \tag{4}$$

同样 $\left(\frac{\pi}{c}\right)^{\frac{1}{2}}$ 对 c 作图得线性关系，外推 $c \to 0$，得截距 $\left(\frac{RT}{M}\right)^{\frac{1}{2}}$，求得分子量 M，由斜率可以求得 Γ_2。$\Gamma_2 = A_2 M$，第二维里系数的数值可以看成高分子链段间和高分子与溶剂分子间相互作用的一种量度，和溶剂化作用以及高分子在溶液中的形态有密切的关系。根据高分子溶液似晶格模型理论对溶液混合自由能的统计计算，提出了比浓渗透压对浓度依赖关系的 Flory-Huggins 公式：

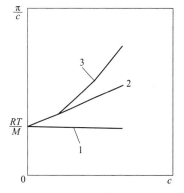

图 2-2 比浓渗透压与浓度的关系
1—理想溶液（$A_2 = A_3 = 0$）；
2、3—高分子溶液（2：$A_2 \neq 0$，$A_3 = 0$；3：$A_2 \neq 0$，$A_3 \neq 0$）

$$\frac{\pi}{c} = RT\left[\frac{1}{\overline{M}_n} + \left(\frac{1}{2} - \chi_1\right)\frac{1}{\overline{V}_1 \rho_2^2}c + \frac{1}{3}\frac{1}{\overline{V}_1 \rho_2^2}c_2 + \cdots\right] \tag{5}$$

式中，$\overline{V}_1$ 为溶剂的偏摩尔体积；ρ_2 为高聚物的密度；χ_1 称 Huggins 参数，是表征高分子-溶剂体系的一个重要参数。

比较式（2）与式（5），可得 A_2 与 χ_1 之间的关系：

$$A_2 = \frac{\left(\frac{1}{2} - \chi_1\right)}{\overline{V}_1 \rho_2^2} \tag{6}$$

χ_1 的数值可以由第二维里系数计算得到。

渗透压的测量有静态法和动态法两类。静态法也称渗透平衡法，是让渗透计在恒温下静置，用测高计测量渗透池的测量毛细管和参比毛细管两液柱高差，直至数值不变，但达到渗透平衡需要较长时间，一般需要几天。如果试样中存在能透过半透膜的低分子，则在此长时间内将全部透过半透膜而进入溶剂池，而使液柱高差不断下降，无法测得正确的渗透压数据。动态法有速率终点法和升降中点法。当溶液池毛细管液面低于或高于其渗透平衡点时，液面会以较快速率向平衡点方向移动，到达平衡点时流速为零，测量毛细管液面在不同高度 H_i 处的渗透速率 dH/dt，作图外推到 $dH/dt = 0$，得截距 H'_{0i}，减去纯溶剂的外推截距 H_0，差值 $H_{0i} = H'_{0i} - H_0$ 与溶液密度的乘积即为渗透压。但在膜的渗透速率比较高时，dH/dt 值的测量误差比较大。升降中点法是调节渗透计的起始液柱高差，定时观察和记录液柱高差随时间的变化，作高差与时间对数图，估计此曲线的渐近线，再在渐近线的另一侧以等距的液柱重复进行上述测定，然后取此两曲线纵坐标和的半数画图，得一直线，再把直线外推到时间为零，即平衡高差。动态法的优点是快速、可靠。测定一个试样只需半天时间，每一浓度测定的时间短，使测得的分子量更接近于真实分子量。本实验采用动态法测量渗透压，并计算聚苯乙烯分子量和 Huggins 参数。

三、 实验设备及原料

仪器设备：改良型 Bruss 膜渗透计、精度 1/50mm 的测高仪、精度 1/10s 的秒表、恒温水浴槽。

实验药品：聚苯乙烯、丙酮。

四、 实验步骤

（1）测定前用溶剂洗涤渗透计，并浸泡约 40min，消除膜的不对称性及溶剂差异对渗透压的影响。将注射器的长针头缓缓插入注液毛细管直至池底，抽干池内溶剂，然后取 2.5mL 待测溶剂，再洗涤一次渗透池并抽干，缓慢注入溶剂，将不锈钢拉杆插入注液毛细管，让拉杆顶端与液面接触，不留气泡，旋紧下端螺丝帽，密封注液管。

（2）测量液面上升的速率。通过拉杆调节，使测量毛细管液面位于参比毛细管液面下一定位置，旋紧上端，记录液面高度 H_i（cm），读数精确到 0.002cm。用秒表测定该液面高度上升 1mm 所需时间 t_i。旋松上端螺丝再用拉杆调节测量毛细管液面，使之升高约 0.5cm 再作重复测定。如此，使液面从下往上测量 5～6 个实验点，并测参比毛细管液面高 H_0，计算液柱高差 $\overline{H}_i = H_i - H_0$（cm），和上升瞬间速率 dH/dt 即 $1/t$（mm/s），由 H_i 对 dH/dt 作图即得"上升线"。

（3）测量液面下降的速率。将测量毛细管液面上升到参比毛细管液面以上一定位置，记录液面高度 H_i 及液面下降 1mm 所需时间 t_i，液面从上往下也测量 5～6 个实验点并测参比毛细管液面高度 H_0，与（2）同样地计算、列表、作图。由 H_i 对 dH/dt 作图得"下降线"。

（4）更换浓度。旋松下端螺丝，抽出拉杆，如同溶剂中一样的操作，用长针头注射器吸干池内液体，取 2.5mL 待测溶液洗涤、抽干、注液、插入拉杆。换液顺序由稀到浓，先测最稀的，测定 5 个浓度的溶液。

（5）各个浓度的"上升线"和"下降线"的测量的方法同溶剂。调节测量毛细管的起始液面高度时，不宜过高或过低。测量前根据配制的浓度和大概的分子量预先估计渗透平衡点的高度位置，起始液面高度选择在距渗透平衡点 3～6mm 处，即以大致相同的推动压头下开始测定。也只有在合适的起始高度下，每次测定所需的时间（从注液至测定完的时间间隔）相同，实验点的线性和重复性才会好。每一浓度下的"上升线"和"下降线"记录列表并作图。实验完毕后用纯溶剂洗涤渗透池 3 次。

表 2-1　分子量与浓度配比关系表

$M/(\text{g/mol})$	2×10^4	5×10^4	1×10^5	2.5×10^5	5×10^5	1×10^6
$c\times10^2/(\text{g/mL})$	0.5	0.5	1	1	1.5	3

五、　注意事项

制备试样溶液时，对不同分子量的样品，可参考表 2-1 配制最高的浓度。然后以最高浓度的 0.15 倍、0.3 倍、0.5 倍、0.7 倍的浓度估算溶质、溶剂的值，用重量法配制样品溶液 5 个。搁置过夜待用。

六、　数据处理

（1）由测量毛细管的液面高度、参比毛细管液面高度计算得到 H_i、$\text{d}H/\text{d}t$ 的数据，以 H_i 为纵坐标、$\text{d}H/\text{d}t$ 为横坐标作图并外推到 $\text{d}H/\text{d}t=0$，即得渗透平衡的柱高差 H_{0i}，则此溶液的渗透压为 $\pi_i=H_{0i}\rho_0$。

（2）溶液的渗透压测量中，渗透计两毛细管液柱分别为溶液的液柱（测量管）和溶剂的液柱，它们能造成液压差，确切地说应该考虑溶液与溶剂的密度差别，即所谓密度校正，但一般情况下，溶液较稀，密度改正项不大，且对不同浓度的测量来说，溶液的密度又有差别，各种溶液的密度数据又不全，常常简单地以溶剂密度 ρ_0 代之，并记录如下：

样品＿＿＿＿＿＿＿＿＿＿；

实验温度 $T=$＿＿＿＿＿＿＿＿＿＿（K）；

溶剂＿＿＿＿＿＿＿实验温度下的密度 $\rho_0=$＿＿＿＿＿＿＿＿＿（g/cm³）。

（3）作 π/c 对 c 图[或 $(\pi/c)^{1/2}$ 对 c 图]，由直线外推值 $(\pi/c)_{c\to0}$[或 $(\pi/c)_{c\to0}^{1/2}$]计算数均分子量。

$$\overline{M}_n=\frac{8.484\times10^4 T}{(\pi/c)_{c\to0}} \tag{7}$$

（4）由直线斜率求 A_2，并计算高分子-溶剂相互作用参数 χ_1。

七、　思考题

1. 体系中第二维里系数 A_2 等于零的物理意义是什么？

2. 什么条件使第二维里系数等于零？

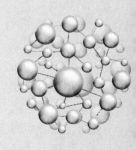

实验二

光散射法测定聚合物的重均分子量及分子量分布

光散射技术是测定高分子化合物重均分子量的一种经典方法。随着激光光散射技术的出现和发展，光散射法还可以测定高分子、凝胶体系动态特性，如高分子以及凝胶粒子在溶液中多涉及质量和流体力学体积变化的过程，如聚集与分散、结晶与溶解、吸收与解吸、高分子的伸展与蜷缩，从而得到许多独特的微观分子参数。因而光散射技术已成为科研和生产实际的重要检测监控手段。本实验采用静态光散射法测定，通过 Zimm 双外推作图法求得聚合物的重均分子量和均方末端距及第二维里系数，因此在高分子研究中占有重要地位，对高分子电解质在溶液中的形态研究也是一个有力的工具。

一、 实验目的

1. 了解光散射法测定聚合物重均分子量的原理及实验技术。

2. 用 Zimm 双外推作图法处理实验数据，并计算试样的重均分子量 M_w、均方末端距 $\overline{h^2}$ 及第二维里系数 A_2。

二、 实验原理

当一束光通过介质时，在入射光方向以外的各个方向也能观察到光强的现象称为光散射现象。光波的电场振动频率很高，约为 $10^{15}/s$ 数量级，而原子核的质量大，无法跟着电场进行振动，这样被迫振动的电子就成为二次波源，向各个方向发射电磁波，也就是散射光，因此散射光是二次发射光波。介质的散射光强应是各个散射质点的散射光波幅的加和。光散射法研究高聚物的溶液性质时，溶液浓度比较稀，分子间距离较大，一般情况下不产生分子之间的散射光的外干涉。若从分子中某一部分发出的散射光与从同一分子的另一部分发出的散射光相互干涉，称为内干涉。假如溶质分子尺寸比光波波长小得多时（即 $\leqslant 1/20\lambda$，λ 是光波在介质里的波长），溶质分子之间的距离比较大，各个散射质点所产生的散射光波是不相干的；假如溶质分子的尺寸与入射光在介质里的波长处于同一个数量级时，那么同一溶质分子内各散射质点所产生的散射光波就有相互干涉，这种内干涉现象是研究大分子尺寸的基础。高分子链各链段所发射的散射光波有干涉作用，这就是高分子链散射光的内干涉现象，见图 2-3。

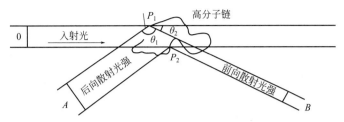

图 2-3　高分子溶液散射光强内干涉现象示意图

关于光散射，人们提出了升落理论。这个理论认为：光散射现象是由于分子热运动所造成的介质折射率的局部升落所引起的。将单位体积散射介质分成 N 个小体积单元，每个单元的体积大大小于入射光在介质里波长的三次方，即

$$\Delta V = \frac{1}{N} \ll \lambda_0^3 \tag{1}$$

但是小体积单元仍然是足够大的，其中存在的分子数目满足作统计计算的要求。

由于介质内折射率或介电常数的局部升落，介电常数应是 $\varepsilon + \Delta\varepsilon$。假如，各小体积单元内的局部升落互不相关，在距离散射质点 r 处，与入射光方向成 θ 角处的散射光强为

$$I(r,\theta) = \frac{\pi^2}{\lambda_0^4 r^2} \overline{\Delta\varepsilon^2} (\Delta V)^2 N I_i \left(\frac{1+\cos^2\theta}{2} \right) \tag{2}$$

式中，λ_0 为入射光波长；I_i 为入射光的光强；$\overline{\Delta\varepsilon^2}$ 为介电常数增量的平方值；ΔV 为小体积单元体积；N 为小体积单元数目。

经过系列推导，可得光散射计算的基本公式：

$$\frac{1+\cos^2\theta}{2\sin\theta} \times \frac{Kc}{R_\theta} = \frac{1}{M} \left(1 + \frac{8\pi^2}{9} \frac{\overline{h^2}}{\lambda^2} \sin^2\frac{\theta}{2} + \cdots \right) + 2A_2 c \tag{3}$$

式中，$K = \dfrac{4\pi^2}{\tilde{N}\lambda_0^4} n^2 \left(\dfrac{\partial n}{\partial c} \right)^2$（$\tilde{N}$ 为阿伏伽德罗常数，n 为溶液折射率，c 为溶质浓度），R_θ 为瑞利比，θ 为散射角，$\overline{h^2}$ 为均方末端距，A_2 为第二维里系数。

具有多分散体系的高分子溶液的光散射，在极限情况下（即 $\theta \rightarrow 0$ 及 $c \rightarrow 0$）可写成以下两种形式：

$$\left(\frac{1+\cos^2\theta}{2\sin\theta} \times \frac{Kc}{R_\theta} \right)_{\theta \rightarrow 0} = \frac{1}{\overline{M}_w} + 2A_2 c \tag{4}$$

$$\left(\frac{1+\cos^2\theta}{2\sin\theta} \times \frac{Kc}{R_\theta} \right)_{c \rightarrow 0} = \frac{1}{\overline{M}_w} \left[1 + \frac{8\pi^2}{9\lambda^2} \left(\overline{h^2} \right)_z \sin^2\frac{\theta}{2} \right] \tag{5}$$

如果以 $\dfrac{1+\cos^2\theta}{2\sin\theta} \times \dfrac{Kc}{R_\theta}$ 对 $\sin^2\dfrac{\theta}{2} + Kc$ 作图，外推至 $c \rightarrow 0$，$\theta \rightarrow 0$，可以得到两条直线，显然这两条直线具有相同的截距，截距值为 $\dfrac{1}{\overline{M}_w}$，因而可以求出高聚物的重均分子量。这就是图 2-4 表示的 Zimm 的双重外推法。从 $\theta \rightarrow 0$ 的外推线，其斜率为 $2A_2$。第二维里系数 A_2，它反映高分子与溶剂相互作用的大小；$c \rightarrow 0$ 的外推线的斜率为 $\dfrac{8\pi^2}{9\lambda^2 \overline{M}_w} \left(\overline{h^2} \right)_z$。从而，又可求得高聚物 Z 重均分子量的均方末端距 $\left(\overline{h^2} \right)_z$。这就是光散射技术测定高聚物的重均分子量

的理论和实验的基础。

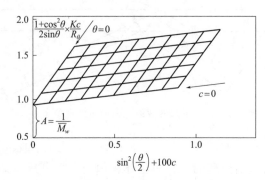

图 2-4　高分子溶液光散射数据典型的 Zimm 双重外推图

三、　实验设备及原料

实验仪器：Marvin EOS 动静态激光光散射仪、DNDC、压滤器、容量瓶、移液管、烧结砂芯漏斗等。

实验试剂：聚苯乙烯、苯等。

光散射仪的示意如图 2-5 所示，其构造主要有四个部分。①光源。一般用中压汞灯，$\lambda = 435.8 nm$ 或 $\lambda = 546.1 nm$。②入射光的准直系统，使光束界线明确。③散射池。玻璃制品，用以盛高分子溶液。它的形状取决于要在几个散射角测定散射光强，有正方形、长方形、八角形、圆柱形等多种形状，半八角形池适用于不对称法的测定，圆柱形池可测散射光强的角分布。④散射光强的测量系统。因为散射光强与入射光强相差较大，应用光电倍增管使散射光变成电流再经电流放大器，以微安表指示。各个散射角的散射光强可转动光电管的位置进行测定，或者采用转动入射光束的方向进行测定。

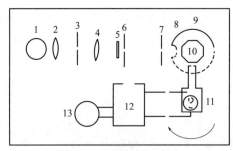

图 2-5　光散射仪示意图

1—激光器；2—聚光镜；3—隙缝；4—准直镜；5—干涉滤光片；6，7，8—光阑；
9—散射池罩；10—散射池；11—光电倍增管；12—直流放大器；13—微安表

四、　实验步骤

（1）待测溶液的配制及除尘处理

① 用 100mL 容量瓶在 25℃准确配制 1～1.5g/L 的聚苯乙烯-苯溶液，浓度记为 c_0。

② 溶剂苯经洗涤、干燥后蒸馏两次。溶液用 5# 砂芯漏斗在特定的压滤器加压过滤以除

尘净化。

（2）折射率和折射率增量的测定：分别测定溶剂的折射率 n 及 5 个不同浓度待测高聚物溶液的折射率增量，n 和 $\dfrac{\partial n}{\partial c}$ 分别用阿贝折光仪和示差折光仪测得。由示差折光仪的位移值 Δd 对浓度 c 作图，求出溶液的折射率增量 $\dfrac{\partial n}{\partial c}$。

（3）参比标准、溶剂及溶液的散射光电流的测量：光散射法实验主要是测定瑞利比 $R_\theta = r^2 \dfrac{I(r,\theta)}{I_i}$，式中 $I(r,\theta)$ 是距离散射中心 r（夹角为 θ）处所观察到的单位体积内散射介质所产生的散射光。I_i 是入射光强。通常液体在 90° 下的瑞利比 $R_{90°}$ 值极小，约为 10^{-5} 的数量级，作绝对测定非常困难。因此，常用间接法测量，即选用一个参比标准，它的光散射性质稳定，其瑞利比 $R_{90°}$ 已精确测定，获大家公认（如苯、甲苯等）。本实验采用苯作为参比标准物，已知在 $\lambda = 546\text{nm}$，$R_{90°}^{\text{苯}} = 1.63 \times 10^{-5}$，则有 $\phi^{\text{苯}} = R_{90°}^{\text{苯}} \dfrac{G_{0°}}{G_{90°}}$，$G_{0°}$、$G_{90°}$ 是纯苯在 0°、90° 的检流计读数，ϕ 为仪器常数。

① 测定绝对标准液（苯）和工作标准玻璃块在 $\theta = 90°$ 时散射光电流的检流计读数 $G_{90°}$。

② 用移液管吸取 10mL 溶剂苯放入散射池中，记录在 θ 角为 0°、30°、45°、60°、75°、90°、105°、120°、135° 等不同角度时的散射光电流的检流计读数 G_θ^0。

③ 在上述散射池中加入 2mL 聚苯乙烯-苯溶液（原始溶液 c_0），用电磁搅拌均匀，此时溶液的浓度为 c_1。待温度平衡后，依上述方法测量 30°～150° 各个角度的散射光电流检流计读数 $G_\theta^{c_1}$。

④ 与③操作相同，依次向散射池中再加入聚苯乙烯-苯的原始溶液（c_0）3mL、5mL、10mL、10mL、10mL 等，使散射池中溶液的浓度分别变为 c_2、c_3、c_4、c_5、c_6 等，并分别测定 30°～150° 各个角度的散射光电流，检流计读数 $G_\theta^{c_2}$、$G_\theta^{c_3}$、$G_\theta^{c_4}$、$G_\theta^{c_5}$、$G_\theta^{c_6}$ 等。

（4）测量完毕，关闭仪器，清洗散射池。

五、 数据处理

（1）记录实验中测得的散射光电流的检流计偏转读数。

（2）瑞利比 R_θ 的计算：光散射实验测定的是散射光光电流 G，还不能直接用于计算瑞利比 R_θ。根据下式计算瑞利比 R_θ：

$$R_\theta = \phi'(G_\theta^c - G_\theta^0)$$

式中，G_θ^c、G_θ^0 为溶液、纯溶剂在 θ 角的检流计读数；$\phi' = \dfrac{\phi^{\text{苯}}}{G_{0°}}$。

（3）作 Zimm 双重外推图，并计算 M_w、A_2、h_2。

六、 思考题

1. 为什么用光散射法测得的分子量为绝对分子量？
2. 用光散射法测得的第二维里系数对高分子溶液有何物理意义？

实验三

黏度法测定聚乙二醇的分子量

分子量是高分子聚合物的重要物理参数。一方面分子量大小可以为探讨聚合反应机理和动力学提供必要的信息；另一方面也能进一步了解聚合物材料的力学性能、流动性能，从而为高分子材料的成型加工和应用提供必要的基础数据。目前已有许多测量聚合物分子量的方法，各种方法都有它的优缺点和适用的分子量范围，由不同方法得到的分子量的统计平均意义也存在差别，常用测定方法的适用范围及得到的分子量见表 2-2。

表 2-2　常用测定分子量的方法及其大致适用范围

测定方法	适用的分子量范围/(g/mol)	平均分子量
端基分析法	$<3\times10^4$	数均分子量
沸点升高法	$<3\times10^4$	数均分子量
冰点降低法	$<3\times10^4$	数均分子量
气相渗透压法	$<3\times10^4$	数均分子量
膜平衡渗透压法	$5\times10^3\sim1\times10^6$	数均分子量
电子显微镜法	$>5\times10^5$	数均分子量
光散射法	$>10^2$	重均分子量
稀溶液黏度法	$>10^2$	黏均分子量
体积排斥色谱法	$>10^2$	各种平均分子量

在各种分子量测定方法中，黏度法测定聚合物的黏均分子量以其仪器和方法简单、操作方便、分子量适用范围广以及较好的实验精度受到欢迎，成为目前最常用的分子量测定技术。

一、 实验目的

1. 掌握黏度法测定聚合物分子量的基本原理和实验技术。
2. 测定不同分子量聚苯乙烯样品的黏均分子量。

二、 实验原理

虽然黏度法操作方便，但它不是一种测定分子量的绝对方法，而是一种相对方法，因为特性黏数-分子量经验关系式是要用分子量绝对测定方法来校正确定的，因此本方法适用于不同分子量范围。需注意的是在不同分子量范围里，可能要用不同的经验方程式。

液体在进行流动时，液体分子间存在着内摩擦力，液体的黏度就是液体分子间这种内摩擦力的表现。依照牛顿（Newton）的黏性流动定律，当两层流动液体间由于液体分子间的内摩擦产生流速梯度 $\frac{\delta v}{\delta z}$ 时，液体对流动的黏性阻力为：

$$f = \lambda \eta \frac{\delta v}{\delta z} \tag{1}$$

式中，λ 为阻力系数；η 为液体的黏度，单位 Pa·s。当液体在半径为 r、长度为 L 的毛细管里流动时（图 2-6），如果在毛细管两端间的压力差为 p，并且假使促进液体流动的力（$\pi R^2 p$）全部用以克服液体对流动的黏性阻力。那么在离轴 r 和（$r+\mathrm{d}r$）的两圆柱面间的流动服从下列方程式：

$$\pi r^2 p + 2\pi r L \eta \frac{\mathrm{d}v}{\mathrm{d}r} = 0 \tag{2}$$

式（2）就规定了液体在毛细管里流动时的流速分布 $v(r)$。假如液体可以润湿管壁，管壁与液体间没有滑动，则 $v(r)=0$，那么

$$v(r) = \int_R^r \frac{\mathrm{d}v}{\mathrm{d}r}\mathrm{d}r = -\frac{p}{2L\eta}\int_R^r r\mathrm{d}r = \frac{p}{4L\eta}(R^2 - r^2) \tag{3}$$

因此平均流速为

$$\frac{V}{t} = \int_0^R 2\pi r v \mathrm{d}r = \frac{\pi p}{2L\eta}\int_0^R r(R^2 - r^2)\mathrm{d}r = \frac{\pi p R^4}{8L\eta} \tag{4}$$

液体的黏度则为

$$\eta = \frac{\pi p R^4}{8LV}t \tag{5}$$

然而测量液体绝对黏度是很困难的，通常采用测量相对黏度通过描点外推得到绝对黏度（特性黏度）。若以 η_0 表示纯溶剂的黏度，η 表示溶液的黏度，V 为流出总体，则溶液的相对黏度为 $\eta_r = \frac{\eta}{\eta_0}$，其增比黏度 $\eta_{sp} = \frac{\eta - \eta_0}{\eta_0} = \eta_r - 1$，而 $\frac{\eta_{sp}}{c}$ 叫作比浓黏度，$\frac{\ln\eta_r}{c}$ 叫作比浓对数黏度。由于 $\frac{\eta_{sp}}{c}$ 和 $\frac{\ln\eta_r}{c}$ 都随溶液浓度改变而改变，而极稀溶液的相对黏度难以准确测定，所以常用外推到 $c \to 0$ 时的 $\frac{\eta_{sp}}{c}$ 和 $\frac{\ln\eta_r}{c}$ 值，即 Huggins 方程式和 Kraemer 方程式：

$$\frac{\eta_{sp}}{c} = [\eta] + k[\eta]^2 c \tag{6}$$

$$\frac{\ln\eta_r}{c} = [\eta] - \beta[\eta]^2 c \tag{7}$$

式（6）、式（7）中，k 和 β 均为常数。按式（6）、式（7）用 $\frac{\eta_{sp}}{c}$ 对 c 和 $\frac{\ln\eta_r}{c}$ 对 c 作图，外推到 $c \to 0$ 所得的截距，应重合于一点，即 $[\eta]$ 值（图 2-7）。需要注意的是，有的溶液比浓对数黏度与浓度的关系并不呈线性，尤其在浓度较高时，发生偏离（向下弯曲或向上弯曲）。当出现这种情况时，建议使用式（6）求取 $[\eta]$ 值。因为式（6）、式（7）均是通过对下式作近似处理而得到的。

$$\frac{\eta_{sp}}{c} = \frac{[\eta]}{1-k[\eta]c} \tag{8}$$

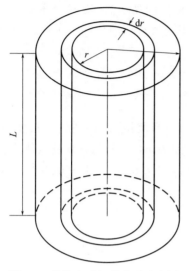

图 2-6 液体在毛细管流动示意图

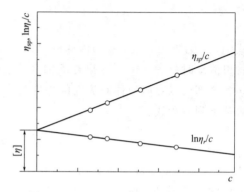

图 2-7 η_{sp}/c 对 c 图和 $\ln\eta_r/c$ 对 c 图

当确定了高分子的特性黏数 $[\eta]$，就可根据特性黏数与分子量的关系式求取高分子的分子量 M。特性黏数与分子量的关系式取决于高分子在溶液中的形态。溶液内高分子线团如果蜷得很紧，在流动时线团内的溶剂分子随着高分子一起流动，则高分子的特性黏数与分子量的平方根呈正比，$[\eta] \propto M^{1/2}$；假如线团松懈，在流动时线团内的溶剂分子是完全自由的，那么高分子的特性黏数应与分子量呈正比。目前常用一个包含两个参数的 Mark-Houwink-Sakurada 经验式 [式（9）] 表示特性黏数与分子量的关系，有时也直接用 $[\eta]$ 值来表示 M 的大小。

$$[\eta] = KM^a \tag{9}$$

式中，参数 K、a 值需经测定分子量的绝对方法校正后才可使用。对于常见的聚合物溶液体系，K、a 值可以从有关手册中查到。对于大部分高分子溶液来说，a 的数值在 0.5～

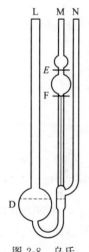

图 2-8 乌氏
黏度计示意图

1.0 之间。测定高分子溶液的黏度以 Ubbelohde 式稀释黏度计（乌氏黏度计）最为合适（图 2-8）。将液体自 L 管加入，在 M 管将液体吸至 E 线以上后，任其流下，这样促使流动的力就是液柱高 h 的压力，h 值在 E 和 F 间逐渐改变，并且假设促使液体流动的力全部用于克服内摩擦力，即认为液体在流动时没有消耗能量，这样式（5）即为：

$$\eta = \frac{\pi g h \rho R^4 t}{8LV} \tag{10}$$

式中，g 为重力加速度，h 为流经毛细管的液柱的平均高度，ρ 为所测液体的密度，t 为液面从 E 线流到 F 线所需的时间（流出时间），令 $A = \dfrac{\pi g h R^4}{8LV}$，显然 A 是由黏度计所决定的常数，与液体性质无关。则高分子溶液的黏度为

$$\eta = A\rho t \tag{11}$$

纯溶剂的黏度

$$\eta_0 = A\rho_0 t_0 \tag{12}$$

当测定的溶液很稀时，$\rho \approx \rho_0$，所以

$$\eta_r = \frac{\eta}{\eta_0} \approx \frac{t}{t_0} \tag{13}$$

$$\eta_{sp} = \eta_r - 1 \approx \frac{t}{t_0} - 1 \tag{14}$$

这样只要在同一温度下测定纯溶剂和不同浓度 c 的聚合物溶液流经 E、F 线的时间 t_0 和 $t(t_1、t_2、t_3、t_4、t_5)$ 就可算出不同浓度溶液对溶剂的相对黏度 η_r，继而计算出 η_{sp}、$\ln \eta_r$ 等，然后式（6）、式（7）外推得到高分子的特性黏数 $[\eta]$，最后根据式（9）求取聚合物分子量 M。

因为需要测定不同浓度溶液的相对黏度，最简便且适用的方法是在黏度计里逐渐稀释，可以节省许多操作手续，故采用气承悬液柱式的稀释黏度计最为合适，因为液体的流出时间与黏度计中液体体积无关。

本实验是在同一支黏度计内测定一系列浓度呈简单比例关系的溶液的流出时间后，再测溶剂的流出时间。这是因为高分子溶液流过毛细管后，常会有高分子吸附在毛细管管壁，所以相当于高分子溶液流过了较细的毛细管，为了得到高分子溶液真实的相对黏度，后测纯溶剂的流出时间，这样，纯溶剂流过的也是较细的毛细管，消除了高分子在毛细管上的吸附对结果的影响。反之如果在测定溶液之前测定纯溶剂的流过时间，此时毛细管并未吸附高分子，纯溶剂将在较短的时间内流过毛细管，测定纯溶剂流过时间的毛细管状态就和之后测定溶液流过时间时的状态不一致，如果高分子在毛细管管壁的吸附严重时，作图将是一条凹形的曲线。

三、 实验设备及原料

实验设备：乌氏黏度计 1 支；恒温水槽 1 套（包括：电动搅拌器、继电器、水银接触温度计、调压器、加热器、50℃温度计）；秒表 1 块；5mL、10mL 移液管各 1 支；25mL、50mL 容量瓶各 1 个；2# 或 3# 熔砂漏斗 2 个，50mL 烧杯等。

实验原料：聚乙二醇、蒸馏水。

四、 实验步骤

1. 玻璃仪器的洗涤

用新制的铬酸洗液（滤过）浸泡黏度计数小时后，再用蒸馏水（经熔砂漏斗滤过的）洗净，干燥后待用。容量瓶、移液管洗涤后干燥待用。

2. 高分子溶液的配制

准确称取聚乙二醇 0.4～0.5g，在烧杯中加入少量水（10～15mL）使其全部溶解，移入 25mL 容量瓶中，用水洗涤烧杯 3～4 次，洗液一并转入容量瓶中，并稍稍摇晃作初步混匀，然后将容量瓶置于恒温水槽（30±0.05）℃中恒温，用水稀释至刻度，摇匀溶液，再用熔砂漏斗将溶液滤入另一只 25mL 的无尘干燥的容量瓶中，放入恒温水槽中恒温待用。盛有无尘溶剂（也是经熔砂漏斗过滤过的）的容量瓶也放入恒温水槽中恒温待用。

3. 溶液流出时间的测定

利用 L 管将乌氏黏度计固定，并使毛细管保持垂直状，恒温水槽水面浸没 E 线上方的小球。在黏度计的 M、N 管上小心地接入乳胶管，用移液管从 L 管注入 10mL 溶液，恒温 10min 后，用乳胶管夹夹住 N 管上的乳胶管。在 M 管乳胶管上接上注射器，缓慢抽气，待液面升到 E 线上方的小球一半时停止抽气，先拔下注射器，而后放开 N 管的夹子，让空气进入 D 球，使毛细管内溶液与 M 管下端的球分开，此时液面缓慢下降，用秒表记下液面从 E 线流到 F 线的时间，重复测三次，每次所测的时间相差不超过 0.2s，取其平均值，作为 t_1。然后再移取 5mL 溶剂注入黏度计，将它充分混合均匀，这时溶液浓度为原始溶液浓度的 2/3，再用同样方法测定 t_2。

用同样操作方法再分别加入 5mL、10mL 和 10mL 溶剂，使溶液浓度分别为原始溶液的 1/2、1/3 和 1/4，测定各自的流出时间 t_3、t_4 和 t_5。

4. 纯溶剂流出时间的测定

将黏度计中的溶液倒出，用无尘溶剂（本实验中溶剂是水）洗涤黏度计数遍，测定纯溶剂的流出时间 t_0。

五、 数据处理

（1）数据记录

黏度计号：_____ 毛细管内径：_____ 温度：_____ 溶剂：_____

聚乙二醇质量：_____（g） 原始溶液浓度 c_0：_____（g/mL）

纯溶剂流出时间：（1）_____（s）；（2）_____（s）；（3）_____（s）

取平均值 $t_0 = $ _____（s）

表 2-3 数据记录表

加入溶剂的量/mL	相对浓度(c')	流出时间/s				η_r	η_{sp}	η_{sp}/c'	$\ln\eta_r/c'$
		第一次	第二次	第三次	平均值				
0	1				$t_1 = $				
5	2/3				$t_2 = $				
5	1/2				$t_3 = $				
10	1/3				$t_4 = $				
10	1/4				$t_5 = $				

（2）以 η_{sp}/c' 和 $\ln\eta_r/c'$ 分别对 c' 作图，求取 $[\eta]$。

（3）从《聚合物手册》（$Polymer\ Handbook$）查到：聚乙二醇-水溶液，在 30℃ 时，$K = 0.0125$mL/g，$a = 0.78$，求取 $\overline{M}_\eta$。

六、 注意事项

（1）确保黏度计和待测液体的洁净是实验成功的关键。由于毛细管细小，很小的灰尘、纤维等都能对液体的流动产生影响，使测定的流出时间不准确，所以液体必须经 2# 或 3# 熔砂漏斗滤过。注意不能使用普通的滤纸，因为滤纸可能带入纤维。新的熔砂漏斗使用前也应洗涤，务必使玻璃屑全部除去。洗涤时所用的溶剂、洗液、自来水、蒸馏水等都应经过过滤，以保证黏度计等玻璃仪器的清洁无尘。

（2）使用乌氏黏度计时，要在同一支黏度计内测定一系列浓度呈简单比例关系的溶液的流出时间，每次吸取和加入的液体的体积要准确。为了避免温度变化可能引起的体积变化，溶液和溶剂应在同一温度下移取。

（3）在每次加入溶剂稀释溶液时，必须将黏度计内的液体混合均匀，还要将溶液吸到 E 线上方的小球内两次，润洗毛细管，否则溶液流出时间的重复性差。

（4）在使用有机物质作为聚合物的溶剂时，盛放过高分子溶液的玻璃仪器，应先用溶剂浸泡和润洗，待洗去聚合物和吹干溶剂等有机物质后，才可用铬酸洗液去浸泡，否则有机物质会把铬酸洗液中的重铬酸钾还原，洗液将失效。

（5）使用本方法测定聚合物分子量所用溶液的浓度范围，一般在 1%（100mL 溶剂溶解 1g 聚合物）左右，使溶液的相对黏度控制在 1.5～2.5 间。但由于高分子溶液的相对黏度不仅取决于溶液浓度，还与高分子分子量、溶剂性能以及温度等因素有关，因此还要考虑这些因素。如对于分子量较高的聚合物，溶液浓度可适当低一些，而对于分子量较低的聚合物，溶液浓度可提高一些。

（6）本实验没有考虑液体在毛细管流动时能量损耗的主要部分——动能消耗的影响（即动能校正项的影响）。这是因为一般都选择纯溶剂流出时间大于 100s 的黏度计，动能校正项对相对黏度的影响很小，往往可以忽略。但当液体流速较大（如纯溶剂的流出时间小于 100s）时，必须作动能校正。

七、 思考题

1. 从手册上查 K、a 值时要注意什么？

2. 能否先测纯溶剂的流出时间再测溶液的流出时间？如果这样做，对实验结果有何影响？

3. 配制高分子溶液时，选择多大浓度较为适宜？还要考虑哪些因素？

4. 以 t_0^* 作为溶剂的流出时间计算溶液的相对黏度，可以消除哪些可能影响相对黏度测定的因素？

实验四

凝胶渗透色谱测定聚甲基丙烯酸甲酯的分子量及其分布

由于高分子聚合反应的特点决定了高分子聚合物的分子量呈多分散性。其多分散性通常用分子量分布函数来描述。众所周知，高聚物的分子量分布和平均分子量直接影响着其许多物理性能、机械性能，因而是高聚物的一个重要参数。凝胶渗透色谱（Gel Permeation Chromatography，GPC）是液相色谱的一个分支，已成为测定聚合物分子量分布和结构的最有效手段。该方法的优点有：快捷、简便、重现性好、进样量少、自动化程度高。

一、 实验目的

1. 了解 GPC 法测定高聚物分子量及分子量分布的原理。
2. 掌握岛津-505 型凝胶渗透色谱仪的操作。
3. 掌握 GPC 数据处理方法。

二、 实验原理

凝胶渗透色谱分离原理为体积排除机理，即认为在装填有孔径大小不一的凝胶颗粒的色谱中引入聚合物溶液，通过淋洗液的洗脱，不同尺寸的聚合物分子在柱内流动过程中向载体孔洞渗透的程度不同，大分子能渗透进去的孔洞数目比小分子少，使得分子体积大小不一的高分子在柱中保留的时间不一，如图 2-9 所示。因此当具有一定分子量分布的高聚物溶液从柱中通过时，较小的分子在柱中保留的时间比大分子保留的时间要长，于是整个样品即按分子尺寸由大到小的顺序依次流出。色谱柱总体积为 V_t，载体骨架体积为 V_g，载体中孔洞总体积为 V_i，载体粒间体积为 V_0，则：

$$V_t = V_g + V_0 + V_i \tag{1}$$

V_0 和 V_i 之和构成柱内的空间。溶剂分子体积远小于孔的尺寸，能够通过柱内的整个空间（$V_0 + V_i$）；分子体积大于所有孔的尺寸时，将不能进入载体中的任何凝胶颗粒，只能经载体粒间流出，其保留体积 $V_e = V_0$；当高分子的体积小于所有孔的尺寸时，可经过所有的载体孔，其保留体积与溶剂分子相同；而当高分子的体积是居于上述两者之间时，它只能在载体孔 V_i 的一部分孔中进出，其保留体积 V_e 为：

$$V_e = V_0 + kV_i \tag{2}$$

k 为分配系数，其数值 $0 \leqslant k \leqslant l$。当聚合物分子完全排除时，$k=0$；在完全渗透时，$k=1$。因此当 $k=0$、$V_e=V_0$ 时，所对应的是该色谱柱的分子量测量极限（PL）。图 2-10 为凝胶渗透色谱的分离范围示意图。

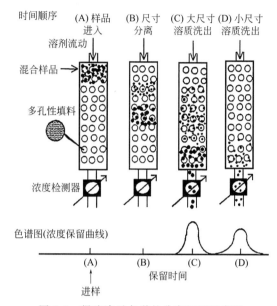

图 2-9　凝胶渗透色谱的分离机理示意图

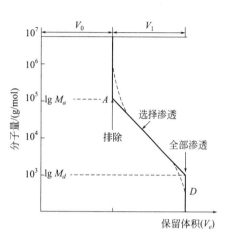

图 2-10　凝胶渗透色谱的分离范围

GPC 的体积排除分离机理需要在低流速、黏度小、没有吸附、扩散处于平衡的特殊条件下成立，否则将会影响测量的结果。当样品经过凝胶渗透色谱后，给出样品的保留体积，进而通过标准曲线得到样品的分子量。标准曲线是用一系列分子量已知的单分散的（分子量比较均一）标准样品，求得其各自的保留体积 V_e，作出 $\lg M$ 对 V_e 的校正曲线。

$$\lg M = A - BV_e \tag{3}$$

当 $\lg M > \lg M_a$ 时，曲线与纵轴平行，表明此时的保留体积（V_0）和样品的分子无关，V_0 即为柱中填料的粒间体积，M_a 就是这种填料的渗透极限。当 $\lg M < \lg M_a$ 时，V_e 对 M 的依赖变得非常迟钝，没有实用价值。在 $\lg M_a$ 和 $\lg M_d$ 点之间为一直线，即式（3）表达的校正曲线。式中 A、B 为常数，与仪器参数、填料和实验温度、流速、溶剂等操作条件有关，B 是曲线斜率，是柱子性能的重要参数，B 数值越小，柱子的分辨率越高。

上述的校准曲线只能用于与标准物质化学结构相同的高聚物，若待分析样品的结构不同于标准物质，需用普适校准线。GPC 法是按分子尺寸大小分离的，即保留体积与分子线团体积有关，利用 Flory 的黏度公式：

$$[\eta]M = \phi'R^3 \tag{4}$$

式中，R 为分子线团等效球体半径 ϕ' 为 Flory 常数。$[\eta]M$ 是体积量纲，称为流体力学体积。众多的实验中得出 $[\eta]M$ 的对数与 V_e 有线性关系。这种关系对绝大多数的高聚物具有普适性。普适校准曲线为：

$$\lg[\eta]M = A' - B'V_e \tag{5}$$

因为在相同的保留体积时，有：

$$[\eta]_1M_1 = [\eta]_2M_2 \tag{6}$$

式中下标 1 和 2 分别代表标样和试样。它们的 Mark-Houwink 方程分别为：

$$[\eta]_1 = K_1 M_1^{a_1} \tag{7}$$

$$[\eta]_2 = K_2 M_2^{a_2} \tag{8}$$

因此可得：

$$M_2 = \left(\frac{K_1}{K_2}\right)^{\frac{1}{a_2+1}} \times M_1^{\frac{a_1+1}{a_2+1}} \tag{9}$$

或

$$\lg M_2 = \frac{1}{a_2+1}\lg\frac{K_1}{K_2} + \frac{a_1+1}{a_2+1}\lg M_1 \tag{10}$$

将式（10）代入式（3），即得待测试样的标准曲线方程

$$\lg M_2 = \frac{1}{a_1+1}\lg\frac{K_1}{K_2} + \frac{a_1+1}{a_2+1}A - \frac{a_1+1}{a_2+1}BV_e = A' - B'V_e \tag{11}$$

K_1、K_2、a_1、a_2可以从手册查到，从而由第一种聚合物的M-V_e校正曲线，换算成第二种聚合物的M-V_e曲线，即从聚苯乙烯标样作出的M-V_e校正曲线，可以换算成各种聚合物的校正曲线。

三、 实验设备及原料

设备：岛津-505型凝胶渗透色谱仪，如图2-11所示。
原料：聚苯乙烯标准样品、聚甲基丙烯酸甲酯（PMMA）、四氢呋喃溶剂。

图2-11　岛津-505型凝胶渗透色谱仪

四、 实验步骤

（1）流动相的准备：重蒸四氢呋喃，经5#砂芯漏斗过滤后备用。

（2）样品配制：选取十个不同分子量的聚苯乙烯标样，并依次标号，分别注入约2mL溶剂，溶解后用装有微孔滤膜（0.45μm孔径）的过滤器过滤。在配样瓶中称取约4mg的PMMA，注入约2mL溶剂，溶解后过滤。

（3）接通泵、柱温箱和检测器的电源，依次打开各部分开关和计算机。进入仪器操作界面，联机平衡仪器，平衡时间视具体情况而定。待基线充分走平稳后，方可进行实验。

（4）GPC标定：待仪器基线稳定后，点击测试图标设置进样参数，并确定。然后将进样器把手扳到"LOAD"位，进样注射器清洗后先后将两个混合标样进样（进样量为100μL），这时将进样器把手扳到"INJECT"位（动作要迅速），即进样完成，同时应作进

样记录。当样品测试完成（不再出峰时），可按前面步骤再进其他标准样品，最后得到完整的保留曲线。从两张保留曲线确定共十个标样的保留体积。作 $\lg M$-V_e 图得 GPC 标定曲线。

（5）样品测试，重复（4）的操作测定得到样品 PMMA 谱图。

（6）数据处理，打开数据处理软件，按照刚才标定的标准曲线测算出样品的分子量及分子量分布。

（7）试验结束，应清洗进样器，再依次关机。

五、 数据处理

根据软件选取基线和计算区间，计算 $\overline{M}_w$、$\overline{M}_n$、$\overline{M}_\eta$ 及多分散性指数 DPI。

六、 思考题

1. 色谱柱是如何将高聚物分级的？影响柱效的因素有哪些？
2. 本实验中校准曲线的线性关系，在色谱柱换柱时能否再使用？
3. GPC 法的溶剂选择有什么要求？
4. 同样分子量样品支化的分子和线形的分子哪个先流出色谱柱？

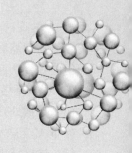

实验五

聚合物的形变-温度曲线

温度对聚合物物理力学性能具有较大的影响，因此是聚合物物理力学性能的重要参数。随着温度的变化，聚合物的热力学性质、力学性能和电磁性能都将发生很大的变化。在不同的温度下，聚合物可呈现出三种力学状态——玻璃态、橡胶态和黏流态。因此，了解聚合物性能的温度依赖性对聚合物制品的实际使用也是极为重要的。此外，聚合物力学性能的温度依赖性也为人们探究聚合物各种力学性能的分子机理提供了大量数据，使人们有可能把纯现象的讨论提高到分子解释的水平上去。

工业上有许多实验方法可用来测定温度对聚合物力学性能的影响，如马丁耐热、维卡软化点、形变-温度曲线（也叫温度-形变曲线）、模量-温度曲线和动态力学性能。其中模量-温度曲线和动态力学性能的温度依赖性更能反映聚合物力学性能的分子运动本质，但形变-温度曲线则因其实验方法简单易行，也常在工业部门和大学实验室中使用。

一、 实验目的

1. 理解聚合物的三个力学状态和两个转变。
2. 了解聚合物力学性能的温度依赖性。
3. 了解分子量、结晶、交联等因素对形变-温度曲线的影响及其规律。

二、 实验原理

在一定的负荷下，线形非晶态聚合物的形变与温度的关系就是聚合物的形变-温度曲线。以试样的形变对温度作图，可得非晶态聚合物典型的形变-温度曲线，如图 2-12 所示。整个曲线可以分成五个区，即三种不同的力学状态和两个转变。当温度较低时，聚合物分子链及其链段的运动均被冻结，只有小的单元在其固定的位置附近做振动。在力学性能上聚合物表现得像玻璃一样，硬而脆，模量在 $10^9 \sim 10^{9.5}\ \text{N/m}^2$，此为玻璃态（A 区）。当温度升高到一定值后（C 区），聚合物链段的短程扩散运动较为迅速，然而由于分子链存在缠结，导致分子链整体难以运动。此时聚合物的力学状态就像交联橡胶一样，其模量保持在 $10^{5.4} \sim 10^{5.7}\ \text{N/m}^2$，一般称为高弹态平台。温度继续升高，高分子链间的缠结被更激烈的热运动所解除，分子链的整体运动产生，聚合物呈现出明显的流动性，模量降低到 $10^{4.5}\ \text{N/m}^2$，此区（E

区）称为黏流区。在玻璃态和高弹态之间的 B 区是从玻璃态到橡胶态的过渡区，即玻璃化转变区，尽管大分子链的整体运动仍属不可能，但其链段已开始有短程的扩散运动，模量变化迅速，从 $10^{9.5}$ N/m² 变为 $10^{5.4}$ N/m²，达 4 个数量级。形变呈现明显的松弛性质，由此确定玻璃化转变温度。玻璃化转变温度是塑料使用的上限温度，是橡胶使用的下限温度，因此玻璃化转变温度 T_g 在高分子科学中非常重要。从高弹态 C 区到黏流态 E 区的是流动转变区 D，由此可以确定出聚合物的黏流温度 T_f。这就是线形非晶态聚合物的三个力学状态和两个转变。

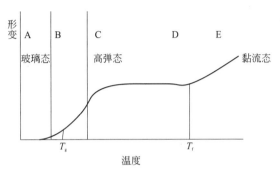

图 2-12　线形非晶态聚合物典型的形变-温度曲线

三、 实验设备及原料

设备：GTS-Ⅱ温度形变仪，如图 2-13 所示。

原料：有机玻璃板或塑料尺。

图 2-13　GTS-Ⅱ温度形变仪

四、 实验步骤

1. 放置样品

（1）打开炉体，剪裁一定形状的有机玻璃尺，放入到样品池中，将压杆平稳压在样品上。

（2）关闭炉体，将位移传感器轻轻放置到压杆上。

2. 样品测量

（1）启动电脑，点击形变-温度操作软件。

（2）点击菜单项中的"开始实验"，当"开始本次实验"的对话框弹出后，录入升温速率、室温、压缩应力等参数。

（3）点击"开始实验"，软件将在"时间-形变曲线和等速升温曲线"视图下开始接收实验数据并生成相应的曲线。

（4）待数据采集完毕，点击"结束实验"，并按照指定目录进行保存。

（5）等温度降低后将样品取出。

五、 数据处理

（1）本实验由软件直接画出形变-温度曲线。根据"切线交点法"可得玻璃化转变温度 T_g 和黏流温度 T_f。

对于测得的每一个 T_g 和 T_f 都应注上测试条件：

样品：_____

载荷：_____

起始时间：_____　　　　终止时间：_____

起始温度：_____　　　　终止温度：_____

记录每一时刻的温度和形变，以形变对温度作图。

（2）根据实验所得的形变-温度曲线，按定义求出该聚合物的玻璃化转变温度 T_g 和黏流温度 T_f。

六、 思考题

1. 为什么由形变-温度曲线测得的 T_g 和 T_f 值只是一个相对参考值？T_g 和 T_f 值受哪些实验因素的影响？有何影响？

2. 聚合物的形变-温度曲线与其分子运动有什么联系？不同分子结构和不同聚集态结构的聚合物应有什么样的形变-温度曲线？

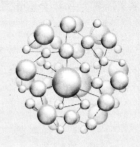

实验六

聚合物应力松弛曲线的测定

高分子材料具有独特的黏弹性，其分子链运动体现出多重性。对于高弹态下的高分子材料，当受到外力作用后，分子链通过旋转改变构象使得材料产生相应的应变和应力。分子链产生应变后，高分子的熵减小，使得分子链的构象处于不稳定状态。随着时间的增加，分子链进而通过分子键的旋转，构象发生变化，使得熵逐渐恢复到最大状态，相应分子内的应力也减小。这种高分子材料在恒定的外界条件下，恒定的应变下，高分子的应力随时间延长逐渐衰减的现象称为应力松弛。应力松弛现象直接反映了高分子材料在固定形变下的力学稳定性。由应力松弛曲线确定的松弛时间对高分子材料的使用领域具有一定的指导意义。

一、 实验目的

1. 了解聚合物的应力松弛现象及分子运动机理。
2. 理解松弛时间的概念。
3. 掌握制出应力松弛曲线、求取松弛时间 τ 的方法。

二、 实验原理

高分子材料呈黏弹性，在外力作用下其应力应变的关系如下所示。
理想弹性体应力应变关系表达式

$$\sigma = G\varepsilon \tag{1}$$

理想黏性体应力应变关系表达式

$$\sigma = \eta(\mathrm{d}\varepsilon/\mathrm{d}t) \tag{2}$$

黏弹性高分子材料应力应变关系表达式

$$\sigma = G\varepsilon + \eta(\mathrm{d}\varepsilon/\mathrm{d}t) \tag{3}$$

高分子的应力松弛可通过 Maxwell 模型进行描述，其应力应变关系如式（3）所示。式中，σ 为应力；G 为模量；ε 为材料的应变；η 为特性黏度；$\mathrm{d}\varepsilon/\mathrm{d}t$ 则为黏性体的应变速率。根据 Maxwell 模型，在恒定的应变下，弹簧的储能将随着时间的延长逐渐转化为黏壶的内能，即分子链在运动时，他们之间的摩擦产生热能。而现实中高分子链由熵增原理驱动，使得分子链通过运动导致材料的储能或应力随时间延长逐渐衰减。线形和交联高聚物的应力随时间的衰减曲线如图 2-14 所示。

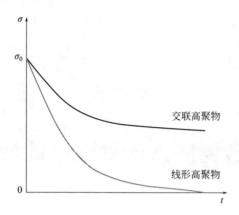

图 2-14　线形和交联高聚物的应力松弛曲线

三、 实验设备及原料

设备：上海化机厂 YS-I 型应力松弛仪。
原料：聚甲基丙烯酸甲酯（PMMA）长方形样条。

四、 实验步骤

（1）开启应力松弛仪，预热 1h，待机器和记录仪稳定后进行实验。

（2）设置恒温箱温度，待温度恒定后，将试样分别用上下夹持器夹好（试样尺寸为 50mm×10mm；工作部分一般为 40mm）。

（3）恒温 5min，按动绿色启动按钮开始拉伸样品，当拉伸 20mm 时松开绿色按钮，保持 70s。

（4）点击回零按钮，开始测试试样的应力随时间衰减的情况。

五、 数据处理

（1）数据记录

仪器型号：_____　　　样品：_____

样品尺寸（长：_____　　　宽：_____　　　厚：_____）

（2）绘制 σ_t/σ_{0-t} 的应力松弛曲线：即 t 时刻所对应记录仪绘制曲线上的点到零点的距离，t 通过走纸速度来推算。

（3）计算应力半衰期：即由 σ_t/σ_{0-t} 曲线上找出 $\sigma_t/\sigma_{0-t}=1/2$ 时所对应的时间。

（4）计算松弛时间：即由 σ_t/σ_{0-t} 曲线上找出 $\sigma_t/\sigma_{0-t}=1/e$ 时所对应的时间。

六、思考题

1. 什么是应力松弛？
2. 聚合物应力松弛产生的原因是什么？研究它有何重要意义？

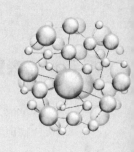

实验七

热塑性聚合物材料的动态力学性能测试

相对于无机类材料，黏弹性是高分子材料的重要特征之一，即高分子材料同时具备黏性液体和弹性固体的特性。一方面，高分子材料能够表现出通用储能材料的性质；而另一方面，高分子材料也能够呈现出非流体静应力状态下的黏性流动，导致储能损耗。因此高分子材料在外力作用下，材料会同时出现部分可恢复形变和部分永久形变。如果外力作用为周期性变化时，周而复始的能量损耗将使得材料产生显著的力学损耗。该力学损耗对高分子材料在现实生活中的应用具有重要的指导价值。动态力学分析即通过对材料施加一个交变应力，进而检测高分子材料在交变应力下材料释放能量的变化，分析聚合物的动态模量，得到聚合物的损耗模量（E''）和力学损耗（$\tan\delta$）。同时，动态力学分析对聚合物分子运动状态的反应也十分灵敏，考察模量和力学损耗随温度、频率以及其他条件变化的特性可得到聚合物结构和性能的许多信息，如阻尼特性、相结构及相转变、分子松弛过程、聚合反应动力学等。

一、 实验目的

1. 了解聚合物的黏弹特性，学会从分子运动的角度来解释高聚物的动态力学行为。

2. 了解聚合物动态力学分析（DMA）的原理和方法，学会使用动态力学分析仪测定多频率下聚合物动态力学温度谱。

二、 实验原理

对于理想弹性体和理想黏性体，材料在交变应变下，其与应力的关系分别如式（2）、式（3）。由式（2）、式（3）可知，理想弹性体材料的应力与应变的变化是同步的，即不存在相位角，因此材料在交变应变下没有力学损耗。而理想黏性体材料在交变应变下，材料的应力与应变之间存在 90° 相位角，因此黏性材料在交变应变下，材料将产生损耗。高分子材料呈黏弹性，其在交变应变下，应力与应变的关系如式（4）所示。绘制应力应变的正弦图如图 2-15 所示。

$$\gamma_t = \gamma_0 \sin\omega t \qquad (1)$$

理想弹性体 t 时刻的应力表达式：

$$\sigma(t) = G\gamma_t = G\gamma_0 \sin\omega t = \sigma_0 \sin\omega t \qquad (2)$$

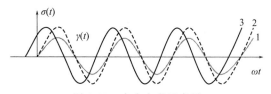

图 2-15 应力应变示意图
1—应变正弦图；2—平衡时应力的正弦图；3—应力正弦图

理想黏性体 t 时刻的应力表达式：

$$\sigma(t)= \eta\gamma_0\omega\cos\omega t =\sigma_0\sin(\omega t +\pi/2) \tag{3}$$

黏弹性高分子材料 t 时刻的应力表达式：

$$\sigma(t)=\sigma_0\sin(\omega t+\delta) \tag{4}$$

如采用复数形式表示应力应变时，其关系如下：

$$\sigma^*=\sigma_0\exp(i\omega t) \tag{5}$$

$$\gamma^*=\gamma_0\exp[i(\omega t-\delta)] \tag{6}$$

式中，σ_0 和 γ_0 为应力和应变的振幅；σ_t 和 γ_t 为应力和应变 t 时刻的振幅；η 为黏性体的特性黏度；G 为理想弹性体的模量；ω 为角频率；δ 为相位。

将式（5）与式（6）相除可得模量：

$$E^*=E'+iE'' \tag{7}$$

式中

$$E'=|E^*|\cos\delta \tag{8}$$

$$E''=|E^*|\sin\delta \tag{9}$$

显然，应变、应力及相位的切变模量能够给出样品在最大形变时的弹性贮存模量，而应力应变的相位差贡献的切变模量代表在形变过程中消耗的能量。在一个完整周期应力作用内，所消耗的能量 ΔW 与所贮存能量 W 之比，即为黏弹性物体的内耗，其表达式为：

$$\frac{\Delta W}{W}=2\pi\frac{\Delta E''}{E'}=2\pi\tan\delta \tag{10}$$

当应变或应力的作用频率发生改变时，其内耗将会产生相应的变化。内耗的变化与高分子链的运动有关。高分子材料是一个长链分子，具有多种运动形式，如侧基的转动和振动、链段的运动以及整条分子链的位移。分子的运动受到结构单元内旋转位垒的影响，当温度升高时，不同结构单元开始热振动，当不断外加振动的动能接近或超过结构单元内旋转位垒的热能值时，该结构单元就发生运动，如移动等。大分子链的各种形式的运动都有各自特定的频率，这种特定的频率由温度运动的结构单元的惯量矩决定。而各种形式的分子运动发生时，高分子材料宏观上出现相应的转变和力学松弛，体现在动态力学曲线上的就是聚合物的多重转变。

在线形无定形高聚物中，随温度升高，内耗的变化及相应的转变如图 2-16 所示。

（1）δ 转变　侧基绕着与大分子链的轴运动。

（2）γ 转变　主链上 2～4 个碳原子的短链运动。

（3）β 转变　主链旁较大侧基的内旋转运动或主链上杂原子的运动。

（4）α 转变　链段的运动。

（5）T_{gg} 转变　玻璃化区的次级转变。

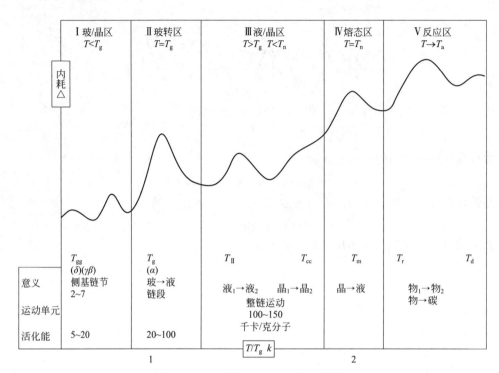

图 2-16　聚合物温度 vs 内耗示意图

（6）T_g 转变　玻璃化转变。

（7）T_{ll} 转变　液-液转变，是高分子量的聚合物从一种液态转变为另一种液态，两种液态都是高分子整链运动，表现为膨胀系数发生拐折。

（8）T_{cc} 转变　晶型转变（一级相变），是由一种晶型转变为另一种晶型。

（9）T_m 转变　结晶熔融（一级相变）。

（10）T_r　氧化降解。

（11）T_d　碳化降解。

三、　实验设备及原料

实验设备为 DMA Q800（美国 TA INSTRUMENTS），主要组成部分如图 2-17 所示。扫描频率范围为 $0.01 \sim 210\text{Hz}$，温度范围为 $180 \sim 600℃$。测量精度为：负荷 0.0001N，形变 1nm，$\text{Tan}\delta 0.0001$，模量 1%。

图 2-17　DMA Q800

实验原料为聚甲基丙烯酸甲酯（PMMA）长方形样条。试样尺寸要求：长 $a = 35 \sim 40$mm；宽 $b \leqslant 15$mm；厚 $b \leqslant 5$mm。准确测量样品的长度、宽度和厚度，每组测三点取平均值记录。

四、 实验步骤

（1）仪器校正，校正完成后炉体会自动打开。

（2）夹具的安装、校正（夹具质量校正、柔量校正），按软件菜单提示进行。

（3）样品的安装。

① 放松两个固定钳的中央锁螺，按"FLOAT"键让夹具运动部分自由。

② 将试样插入到固定钳上，并调正。

③ 按"LOCK"键以固定样品的位置。

④ 取出标准附件木盒内的扭力扳手，装上六角头，垂直插进中央锁螺的凹口内，以顺时针用力锁紧。对热塑性材料建议扭力值为 $0.6 \sim 0.9$N·m。

（4）程序设定。

① 打开主机"POWER"键，打开主机"HEATER"键。

② 打开 GCA 的电源，通过自检，"Ready"灯亮。

③ 打开控制电脑，载进"Thermal Solution"，取得与 DMA Q800 的连线。

④ 指定测试模式（DMA、TMA 等 5 项中的 1 项）和夹具。

⑤ 打开 DMA 控制软件的"即时讯号"（real time signal）视窗，确认最下面的"Frame Temperature"与"Air Pressure"都已"OK"，若有接 GCA 则需显示"GCA Liquid Level：×× ％full"。

⑥ 按"Furnace"键打开炉体，正确安装好样品试样，确定位置正中没有歪斜。若需新换夹具，则重新设定夹具的种类，并逐项完成夹具校正（MASS/ZERO/COMPLIANCE）。若沿用原有夹具，按"FLOAT"键，依要领检视驱动轴漂动状况，以确定处于正常状态。

⑦ 编辑测试方法，并存档。

⑧ 打开"Experimental Parameters"视窗，输入测试信息。指定空气轴承的气体源及存档的路径与文件名，然后载入实验方法。

⑨ 打开"Instrument Parameters"视窗，逐项设定好各个参数。如数据取点间距、振幅、静荷力、Auto-strain、起始位移归零设定等。

⑩ 按下主机面板上的"MEASURE"键，打开即时讯号视窗，观察各项讯号的变化是否够稳定，必要时调整仪器参数的设定值（如静荷力与 Auto-Strain），以使其达到稳定。

⑪ 确定好开始（Pre-view）后便可以按"Furnace"键关闭炉体，再按"START"键，开始正式进行实验。

⑫ 实验结束后，数据自动保存到指定文件中。炉体与夹具会依据设定的"END Conditions"回复其状态，若有设定"GCA AUTO Fill"，则之后会继续进行液氮自动充填作业。

⑬ 将试样取出，若有污染则需予以清除。

⑭ 关机。按"STOP"键，以便储存 Position 校正值。等待 5s 后，使驱动轴真正停止。关掉"HEATER"键。关掉"POWER"键。关掉其他周边设备，如 ACA、GCA、

Compressor 等。进行排水（Compressor 气压桶、空气滤清调压器、GCA）。

五、 数据处理

打开数据处理软件"thermal analysis"，进入数据分析界面。打开需要处理的文件，应用界面上各功能键从所得曲线上获得相关的数据，包括各个选定频率和温度下的动态模量 E'、损耗模量 E'' 以及力学损耗 $\tan\delta$，列表记录数据。

仪器型号：_____   样品：_____

样品尺寸（长：_____   宽：_____   厚：_____）

升温扫描：

起始温度：_____   终止温度：_____   升温速率：_____

选定频率：

频率 1 ω_1：_____   频率 2 ω_2：_____   频率 3 ω_3：_____

记录各个频率下储能模量、损耗模量以及力学损耗随温度的变化（附上相应的作图），在力学损耗-温度曲线上如出现多个损耗峰，则以最高损耗峰的峰温作为玻璃化转变温度 T_g，处理数据。

频率 1 ω_1：_____   频率 2 ω_2：_____   频率 3 ω_3：_____

　　　T_g：_____   　　　T_g：_____   　　　T_g：_____

六、 思考题

1. 什么叫聚合物的力学内耗？聚合物力学内耗产生的原因是什么？研究它有何重要意义？

2. 为什么聚合物在玻璃态、高弹态时内耗小，而在玻璃化转变区内耗出现极大值？为什么聚合物在从高弹态向黏流态转变时，内耗不出现极大值而是急剧增加？

3. 试从分子运动的角度来解释 PMMA 动态力学曲线上出现的各个转变峰的物理意义。

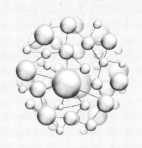

实验八

毛细管流变仪测定聚合物的流变性能

当温度高于黏流温度时，高分子材料呈现出黏流态，成为能够流动的熔体。线形聚合物，尤其是热塑性聚合物在进行成型加工时都需要在熔融态下进行，如塑料的挤出成型、吹塑成型、注射成型、熔融纺丝等。然而聚合物熔体存在弹性和流动的不稳定性，挤出物的外形与熔体受到的剪切应力和剪切速率存在直接关系，因此研究聚合物熔体的流变性能，不仅可以为加工提供最佳的工艺条件，为塑料机械设计参数提供数据，而且可在材料选择、原料改性方面获得有关结构和分子参数等有用数据。

一、实验目的

1. 掌握使用挤压式毛细管流变仪测量聚合物流变特性的方法。
2. 测定聚丙烯的流动曲线和表观黏度与剪切速率的依赖关系。

二、实验原理

目前用来研究聚合物流变性能的仪器主要有三种：落球式黏度计，转动式流变仪，毛细管流变仪。由于毛细管流变仪测定熔体的剪切速率范围较宽（$\dot{\gamma}$ 为 $10^1 \sim 10^6 s$），所以用得较多。毛细管流变仪测定聚合物流变性能的原理是：聚合物在横截面为 $1cm^2$ 的料筒中被加热熔融后，在一定负荷作用下由直径为 $1mm$ 的毛细管挤出，通过电子记录仪记录柱塞位移测量挤出速率，经过计算求得剪切应力、剪切速率和黏度的关系及力学状态变化（软化点、融熔点和流动点）。改变测试温度并计算该温度下的熔体黏度，便可以计算聚合物熔体的黏流活化能。

图 2-18 是 XLY-Ⅱ型挤压式毛细管流变仪的仪器原理图。XLY-Ⅱ型挤压式毛细管流变仪由加压系统、加热系统、控制系统和记录系统组成。

1. 加压系统

XLY-Ⅱ型挤压式毛细管流变仪为恒压式流变仪，加压系统是一个 1∶10 的杠杆机构，当加一较小的负荷时，可获得较大的工作压力。导向杆行程为 $20mm$，与位移传感器固联，位移传感器可以测量导向杆的行程。导向轴承为直线轴承，导向精度高、摩擦小。支承为液支承，当支承抬起杠杆时，放油把手应右旋拧紧，上下推动压油杆，杠杆即被抬起，当放下支承时，放油把手左旋拧动，支承自动下落，下落距离可由放油把手控制，停止时只需右旋拧紧放油把手。图 2-19 为加压系统原理图。

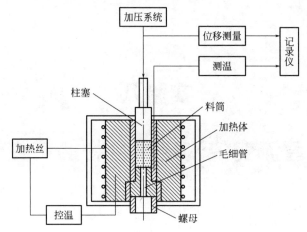

图 2-18　XLY-Ⅱ型挤压式毛细管流变仪原理图

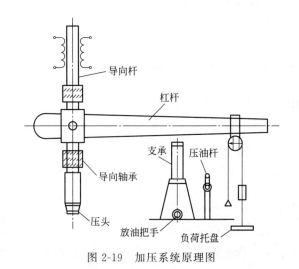

图 2-19　加压系统原理图

2. 加热系统

被测聚合物在加热炉的料筒内被加热熔融，通过装在炉体内的毛细管挤出。

3. 控制系统

XLY-Ⅱ型流变仪的控制系统为一独立结构，它能用于恒温、等速升温、温度定值及显示。

4. 记录系统

由装在压头上的位移传感器作为传感元件，通过电子记录仪记录柱塞下降速率。

通过 XLY-Ⅱ型流变仪可以测得毛细管的挤出速率 v，如式（1）所示。式中，Δh 代表曲线中任一段直线部分的横坐标变化量，Δt 为任一段直线部分的纵坐标变化量。熔体在管中的体积流量可用式（2）求得：

$$v = \frac{\Delta h}{\Delta t} \tag{1}$$

$$Q = v \times S \tag{2}$$

式中，Q 为流量；S 为料筒横截面积。根据熔体在毛细管中流动力平衡原理可有：

$$\tau_w = \frac{\Delta p \cdot R}{2L} \tag{3}$$

$$\Delta p = \frac{4F}{\pi d_p^2} \tag{4}$$

对于牛顿流体：

$$\dot{\gamma} = \frac{4Q}{\pi R^3} \tag{5}$$

$$\eta = \frac{\tau}{\dot{\gamma}} \tag{6}$$

式中，τ 为毛细管壁上的剪切应力；η 为表观黏度；Δp 为毛细管两端压力差；R 为毛细管半径；L 为毛细管长度；F 为负荷；d_p 为活塞杆直径。绝大多数聚合物熔体属于非牛顿流体，其黏度随剪切速率或剪切应力变化而改变，即剪切应力与剪切速率不呈直线关系，式（5）和式（6）是假设熔体为牛顿流体时推导出的结果，因此必须对公式进行修正。经过推导可以得到：

$$\dot{\gamma}_{\text{修}} = \dot{\gamma} \cdot \frac{3n+1}{4n} \tag{7}$$

式中，n 为非牛顿指数，它是 $\lg\tau$-$\lg\dot{\gamma}$ 流动曲线的斜率。当 $n=1$ 时为牛顿流体，$n<1$ 时为假塑性流体，$n>1$ 时为膨胀性流体。熔体在毛细管中由大直径料筒进入小直径的毛细管时产生较大的压力降，此压力降将大于熔体在毛细管中做稳定流动时的压力降。在毛细管直径相同的情况下，L 越短压力降影响越大。因此，增大毛细管的长径比 L/R，可以减小压力降影响的程度。实验表明，当使用 $L/R=80$ 时可以不进行入口效应的校正。

三、 实验设备及原料

设备：XLY-Ⅱ型挤压式毛细管流变仪。
原料：聚丙烯。

四、 实验步骤

（1）把 1mm×40mm 的毛细管置于螺母内，然后把螺母拧入炉体内。

（2）接通电源，打开控制仪的电源开关，指示灯亮，电流表指向零，数显全部为零。

（3）把测温热电偶插入加热体测温孔内。将升降按钮置于"升"的位置，根据要求选好温度定值，并将升温速率选快键。按启动钮，开始升温。数显表示温度值，其值达到预选值时，停止升温。电流表稳定在 0.3～0.5A 时表示恒温。

（4）开启记录仪电源，按下温度记录笔，以观察温度曲线。

（5）恒温 5min 后，称取 1.5g 聚丙烯颗粒，用漏斗装入料筒内，装上柱塞用手先预压一下。右旋紧泄压把手，手动加压抬起横梁和压头。向里推入料筒使柱塞和压头对正，按要求预压物料。在砝码端按要求挂上相应的负荷。

（6）装料压实保温 10min 后，再次预压物料。开启记录仪走纸，同时选好记录速度。然后左旋拧动把手泄压，压头下压，直至压杆到底，熔体完全从毛细管挤出后关闭记录仪走纸。

（7）右旋紧放油把手，搬动压油杆，抬起压头，将炉体拔出，取出柱塞清理，并用清料杆清理料筒。

（8）适当选择 5～6 种负荷值，重复第（4）～第（7）步骤，测出 5～6 点数据。

（9）实验完毕，将升降按钮置于"降"的位置，拨动一下定值拨盘，使定值改变为任一值，当数值显示零时，关机停止实验，并清理柱塞、料筒和毛细管，卸下全部负荷并摆放整齐。

五、 数据处理

（1）计算各种负荷条件下的 τ、γ 和 η。
（2）绘制剪切应力与剪切速率关系图，并求出非牛顿指数 n 值。
（3）绘制表观黏度与剪切速率关系图。
（4）根据流动曲线图及 n 值分析所测聚合物熔体的流变性质。

六、 思考题

1. 用毛细管流变仪测定聚合物熔体黏度的原理是什么？
2. 聚合物熔体的黏度受哪些因素影响？
3. 聚合物熔体流变性能的好坏可用哪些物理量来表征？

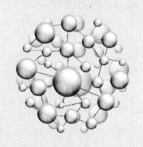

实验九

差示扫描量热法测定聚合物的热转变

热谱分析是指在等速升温（降温）的条件下，测量试样与参比物之间的温度差随温度变化的技术，包括差热分析（DTA）和差示扫描量热法（DSC）。热分析法广泛应用于研究物质的各种物理转变与化学反应，还可以测定物质组成、特征温度等，也是研究聚合物结构、分子运动、热性能的有效手段。高分子材料发生力学状态变化时（例如由玻璃态转变为高弹态），虽无吸热或放热现象，但比热容有突变，表现在热谱曲线上是基线的突然变动。试样内部对热敏感的变化能反映在热谱曲线上。因而热谱分析 DTA、DSC 在高分子方面的应用特别广泛。它们可以用于研究聚合物的玻璃化转变温度 T_g、相转变、结晶温度 T_c、熔点 T_m、结晶度 X、等温结晶动力学参数、非等温结晶动力学，研究聚合、固化、交联、氧化、分解等反应以及测定反应温度或反应热、反应动力学参数。

一、 实验目的

1. 了解 DSC 的原理。
2. 掌握应用 DSC 测定聚合物的 T_g、T_m 以及 T_c 的方法。

二、 实验原理

聚合物的热分析是用仪器检测聚合物在加热或冷却过程中热效应的一种物理化学分析技术。差示扫描量热法（differential scanning calorimetry，DSC）是在差热分析（DTA）的基础上发展起来的。DSC 的原理和 DTA 相似，所不同的是在试样和参比物下面分别增加一个补偿加热丝和一个功率补偿放大器。图 2-20 是 DSC 整机工作原理图，当试样在加热过程中由于热反应而造成参比和样品出现温差 ΔT 时，通过差热放大电路和差动热量放大器使流入补偿加热丝的电流发生变化，直到参比与样品两边的热量平衡、温差 ΔT 消失为止。试样在热反应时发生的热量变化，由于及时输入电功率而得到补偿。这时试样放出热量的速率就是单位时间内补偿给试样和参比物的功率之差 ΔP。因此 DSC 曲线记录 ΔP 随 T（或 t）的变化而变化，即试样放热速率（或者吸热速率）随 T（或 t）的变化而变化。

本实验采用的是美国 Perkin Elmer 公司（简称 PE 公司）生产的 Pyris Diamond DSC。它是一种功率补偿型差示扫描量热计，使用温度范围为 $-170 \sim 730℃$。它有两种操作模式：

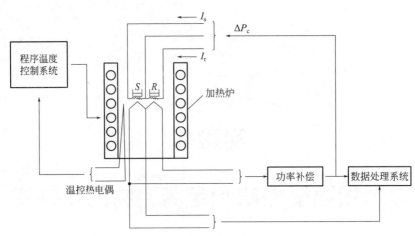

图 2-20　DSC 整机工作原理图

I_s—样品电流；I_r—参比电流；S—样品托盘；R—参比托盘

常温模式（ambient mode）和低温模式（subambient mode）。其中，常温模式中采用的净化气体为高纯氮气，而低温模式的净化气体则是高纯氦气，冷却装置可选用水循环冷却、内制冷机冷却、冰水浴冷却或液氮冷却。当用液氮冷却时，还要安装气帘系统，即采用高纯氮气"冲洗"炉块形成气帘，将湿空气挡在外面，避免结霜。此外，两个炉子（实际就是量热计）的质量要比热流式 DSC 的炉子轻很多，因此可实现更快速的可控升温或降温。使用铂金热电阻仪（而非热电偶）测量温度，提高了测量精度。

三、实验设备及原料

设备：差示扫描量热仪（Differential Scanning Calorimeter），如图 2-21 所示。

原料：聚对苯二甲酸乙二醇酯（PET）。

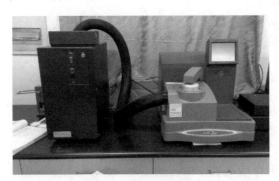

图 2-21　差示扫描量热仪

四、实验步骤

（1）检查 DSC、计算机、气瓶之间的所有连接。确保每个组件都插入到正确的接头中。设置气体压力，氮气气压阀设置在 0.1～0.2MPa。

（2）打开 DSC 电源开关，预热 30min。

（3）称量 10mg 的 PET 样品，并密封于铝坩埚中。

（4）放置样品，具体操作如下：打开 DSC 外盖，向左旋内盖，用吸管吸住炉盖，取出置于安全平台上；用镊子夹取样品坩埚放入 DSC 左炉子中，参比坩埚放入右炉子中，用吸管吸住炉盖，盖好炉盖，注意要将炉盖放平，然后向右旋转内盖，最后盖好外盖。

（5）打开计算机，双击桌面上的图标 Pyris 打开主程序，输入实验相关参数，如：样品名称和存储路径、样品质量、开始温度、结束温度、升温速率等，然后检验程序是否正确。

（6）开始实验。点击程序上的"Start"图标，当启动仪器时，系统自动运行实验直到完成，收集的数据都会自动保存到相应文件名的文件夹中。

（7）停止实验。如果由于某种原因，需要终止实验，可以随时点击程序上的"Stop"来停止实验。实验完成后，关闭计算机控制程序，关闭 DSC，指示灯熄灭后，关闭仪器电源，关闭氮气。

五、注意事项

（1）不进行低于 $-70℃$ 和高于 $400℃$ 的实验。

（2）被测量的试样若在升温过程中会产生大量气体，或能引起爆炸，或具有腐蚀性的都不能使用该仪器。

（3）升温速率：玻璃化转变是一个松弛过程，升温速率太慢，转变不明显，甚至观察不到玻璃化转变；升温太快，T_g 移向高温。结晶性聚合物在升温过程中晶体完善化，使 T_m 和结晶度提高。升温速率对峰的形状也有影响，升温速率太快、基线漂移大，会降低两个相邻峰的分辨率；升温速率适当、峰尖锐、分辨也好，但速率太慢，峰变得圆滑，且峰面积也减小。

六、数据处理

仪器型号：_____　　　　样品：_____

称量空坩埚：_____　　　　装有样品的坩埚：_____

样品质量：_____

第一次升温扫描

起始温度：_____　　　终止温度：_____　　　升温速率：_____

图谱分析结果

玻璃化转变温度 T_g：_____　　　熔点 T_m：_____

熔融热 ΔH_m：_____

七、思考题

1. 在 DSC 谱图上出现基线的突变，表明发生了玻璃化转变，简述其原因。

2. 如果采用较慢的升温速率，如 $10℃/min$、$5℃/min$ 从室温升温扫描，测得的玻璃化转变温度与于 $20℃/min$ 升温扫描测试的结果有何不同？

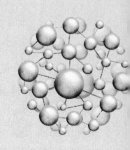

实验十

差示扫描量热法测定聚合物的非等温结晶动力学

等规聚合物在加工成型的实际过程中，如挤出、拉伸、模压、吹塑和注射等条件下，往往伴随着聚合物的结晶。而聚合物不同的结晶形态将对材料的各方面性能产生重要影响。由于上述加工过程中温度是变化的，因此只有研究聚合物在非等温条件下的结晶行为或动力学过程，才能够有效地指导聚合物的成型加工工艺，以获得性能优越的产品。聚合物非等温结晶动力学是研究在变化的温度场下，聚合物的宏观结晶结构参数随时间变化规律的科学，其意义在于了解温度场对聚合物结晶结构形态的影响，指导聚合物加工成型的工艺，获得性能优越的产品。由于聚合物的实际结晶过程大多是在非等温条件下完成的，同时非等温实验条件容易实现，理论上可以获得更多信息，因此高分子材料非等温结晶过程备受科学工作者的关注。热谱分析是指在等速升温（降温）的条件下，测量试样与参比物之间的温度差随温度变化的技术，包括差热分析（DTA）和差示扫描量热法（DSC）。试样发生力学状态变化时（例如由玻璃态转变为高弹态），虽无吸热或放热现象，但比热容有突变，表现在热谱曲线上是基线的突然变动。试样内部其他对热敏感的变化也能反映在热谱曲线上。因而热谱分析DTA、DSC在高分子方面的应用特别广泛。它们可以用于研究聚合物的玻璃化转变温度 T_g、相转变、结晶温度 T_c、熔点 T_m、结晶度 X、等温结晶动力学参数、非等温结晶动力学，以及研究聚合、固化、交联、氧化、分解等反应以及测定反应温度或反应热、反应动力学参数等。

一、 实验目的

1. 通过用 Diamond DSC，Perkin Elmer 差示扫描量热仪测量聚合物的加热及冷却谱图，了解 DSC 的原理。

2. 掌握应用 DSC 测定聚合物的 T_g、T_c、T_m、ΔH_f 及结晶度 f_c 的方法。

二、 实验原理

DSC 的测量原理参考第二部分的实验九，DSC 曲线中结晶试样熔融峰的峰面积对应试样的熔融热 H_f（J/mg），若百分之百结晶的试样的熔融热 ΔH_f^* 是已知的，则可以按式（1）计算试样的结晶度 f_c：

$$f_c = \frac{\Delta H_f}{\Delta H_f^*} \tag{1}$$

三、实验设备及原料

设备：差示扫描量热仪（Differential Scanning Calorimeter），仪器型号：Diamond DSC，Perkin Elmer。

原料：聚对苯二甲酸丙二醇酯（PTT）粒料、高纯氮气。

四、实验步骤

（1）检查 DSC、计算机、气瓶之间的所有连接。确保每个组件都插入到正确的接头中。设置气体压力，氮气气压阀设置在 0.1～0.2MPa。

（2）打开 DSC 电源开关，预热 30min。

（3）称量 10mg 的 PTT 样品，并密封于铝坩埚中。

（4）放置样品，具体操作如下：打开 DSC 外盖，向左旋内盖，用吸管吸住炉盖，取出置于安全平台上；用镊子夹取样品坩埚放入 DSC 左炉子中，参比坩埚放入右炉子中，用吸管吸住炉盖，盖好炉盖，注意要将炉盖放平，然后向右旋转内盖，最后盖好外盖。

（5）打开计算机，双击桌面上的图标 Pyris 打开主程序，输入实验相关参数，如：样品名称和存储路径、样品质量、开始温度、结束温度、升降温速率等，然后检验程序是否正确。

非等温结晶动力学程序设置：

以 PTT（$T_m = 225℃$）为例

Heat from 20.00℃ to 255.00℃ at 100.00℃/min

Hold for 3.0min at 255.00℃　　　　（消除热历史）

Cool from 255.00℃ to 20.00℃ at 40.00℃/min

Hold for 3.0min at 20.00℃

Heat from 20.00℃ to 255.00℃ at 10.00℃/min

Hold for 3.0min at 255.00℃

Cool from 255.00℃ to 20.00℃ at 30.00℃/min

Hold for 3.0min at 20.00℃

Heat from 20.00℃ to 255.00℃ at 10.00℃/min

Hold for 3.0min at 255.00℃

Cool from 255.00℃ to 20.00℃ at 25.00℃/min

Hold for 3.0min at 20.00℃

Heat from 20.00℃ to 255.00℃ at 10.00℃/min

Hold for 3.0min at 255.00℃

Cool from 255.00℃ to 20.00℃ at 20.00℃/min

Hold for 3.0min at 20.00℃

Heat from 20.00℃ to 255.00℃ at 10.00℃/min

Hold for 3.0min at 255.00℃

Cool from 255.00℃ to 20.00℃ at 15.00℃/min

Hold for 3.0min at 20.00℃

Heat from 20.00℃ to 255.00℃ at 10.00℃/min

Hold for 3.0min at 255.00℃

Cool from 255.00℃ to 20.00℃ at 10.00℃/min

Hold for 3.0min at 20.00℃

（6）开始实验。点击程序上的"Start"图标，当启动仪器时，系统自动运行实验直到完成，收集的数据都会自动保存到相应文件名的文件夹中。

（7）停止实验。如果由于某种原因，需要终止实验，可以随时点击程序上的"Stop"来停止实验。实验完成后，关闭计算机控制程序，关闭 DSC，指示灯熄灭后，关闭仪器电源，关闭氮气。

五、 注意事项

（1）不进行低于−70℃和高于 400℃的实验。

（2）被测量的试样若在升温过程中会产生大量气体，或能引起爆炸，或具有腐蚀性的都不能使用该仪器。

（3）升温速率：玻璃化转变是一个松弛过程，升温速率太慢，转变不明显，甚至观察不到玻璃化转变；升温太快，T_g 移向高温。结晶性聚合物在升温过程中晶体完善化，使 T_m 和结晶度提高。升温速率对峰的形状也有影响，升温速率太快、基线漂移大，会降低两个相邻峰的分辨率；升温速率适当、峰尖锐、分辨也好，但速率太慢，峰变得圆滑，且峰高明显减小，热焓变化不明显辨识度降低。

六、 数据处理

将各试样的 DSC 曲线放热峰部分的面积进行归一化处理后求得不同结晶温度下的相对结晶度 X_t，再根据式（2），求得不同结晶温度时的结晶时间 t，然后将不同冷却速率的相对结晶度 X_t 对结晶温度作图转换成 t 时刻的相对结晶度 X_t 对结晶时间作图。

$$t = \frac{T_0 - T}{|D|} \tag{2}$$

式中，T_0 为结晶开始的温度（$t=0$）；T 为某时刻的结晶温度；$|D|$ 为冷却速率。

非等温结晶动力学分析方法如下。

（1）Jeziorny 法分析　Jeziorny 法是基于等温结晶动力学的假设，对 Avrami 方程进行了修正：

$$1 - X_t = \exp(-K_t t^n) \tag{3}$$

$$\lg[-\ln(1 - X_c(t))] = n\lg t + \lg K_t \tag{4}$$

$$\lg K_c = \frac{\lg K_t}{|D|} \tag{5}$$

其中：X_t 是在 t 时刻的相对结晶度，n 与成核机理和生长方式有关，等于生长的空间维数和成核的时间维数之和，K_t 是结晶速率参数，包括成核和生长速度。K_c 是考虑到结晶速率对速率常数影响所得的修正值。利用 $\lg[-\ln(1-X_t)]$ 对 $\lg t$ 作图，Avrami 指数 n 和 K_t 可以从图中直线的斜率和截距求出，根据式（4）得到 K_c。

（2）Ozawa 法分析　Ozawa 发展了 Avrami 方程，用于处理非等温结晶过程。假定非等温结晶过程是由无限小的等温结晶步骤构成，推导出方程式：

$$1-X_t=\exp\left[-\frac{K(T)}{|D|^m}\right] \tag{6}$$

$$\lg[-\ln(1-X_t)]=\lg K(T)-m\lg|D| \tag{7}$$

其中，$K(T)$ 是降温速率函数，与成核方式、成核速率、晶核生长速率等因素相关，是温度的函数，m 是 Ozawa 指数，反映结晶维数。

根据 Ozawa 理论，以 $\lg[-\ln(1-X_t)]$ 对 $\lg|D|$ 作图，根据所得直线的斜率和截距可以得到 Ozawa 指数 m 和 $\lg K(T)$。

七、思考题

1. 影响 DSC 实验结果的因素有哪些？
2. 影响结晶温度的因素有哪些？

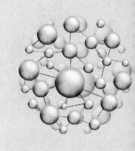

实验十一

偏光显微镜测定聚合物的结晶形态及熔点

    基于偏振光透过样品，进行镜检时可以通过单折射和双折射有效地鉴别物质呈各向同性或各向异性的实验现象，偏光显微镜（Polarizing microscope）广泛地应用于矿物检测、生物学、植物学及高分子材料领域。聚合物的凝聚态分为无定形态和结晶态。众所周知，结晶条件不同，聚合物晶体可以呈现出不同的形态，如：单晶、树枝晶、球晶、纤维晶及伸直链晶体等。球晶是聚合物中最常见的结晶形态，聚合物从熔融状态冷却时和浓溶液逐步浓缩时主要生成球晶。球晶的形态、大小及完善程度与实际使用性能（如光学透明性、冲击强度等）有着密切的联系，如较小的球晶可以提高材料的韧性及断裂伸长率。球晶尺寸对于聚合物材料的透明度影响更为显著，由于聚合物晶区的折射率大于非晶区，因此球晶的存在将产生光的散射而使透明度下降，球晶越小则透明度越高，当球晶尺寸小到与光的波长相当时可以得到透明的材料。因此，表征聚合物的结晶形态对科学研究及通用树脂材料的应用都具有重要意义。由于偏光显微镜设备简单、应用方便，目前已成为研究聚合物的结晶形态的重要工具。

一、 实验目的

1. 掌握偏光显微镜测量结晶形态的原理。
2. 了解偏光显微镜的结构及使用方法。
3. 观察聚合物的融化及结晶过程，并测定其熔点及结晶温度。

二、 实验原理

    光是电磁波，它的传播方向与振动方向垂直。如图 2-22（a）所示，自然光的振动方向均匀分布。当自然光通过反射、折射或选择吸收后，转变为只在一个方向上振动的光波，即偏振光，如图 2-22（b）所示，箭头为振动方向。球晶是一个晶核在三维方向上向外生长，进而形成径向对称结构的晶体。在生长过程中不遇到阻碍时形成球形晶体；如在生长过程中，球晶之间因不断生长而相碰，则在相遇处形成界面，成为多面体，在二度空间下观察为多边体结构。由分子链构成晶胞，叠合构成微纤束，微纤束沿半径方向增长构成球晶。由于分子链的取向排列使球晶在光学上呈各向异性。当一束平面偏振光以一定方向通过高分子球晶时，由于晶体的各向异性，在晶体内部产生两束偏振光，其一遵守折射定律，谓之 o 光，另一束光线不遵守折射定律，其折射率随入射角而改变，谓之 e 光，这两束偏振光相互垂直。由于这两个方向上光的折射率不同，这两束光通过样品的速度是不同的，必然要产生一定的相位差而发生干涉现象。偏振光通过晶体时的相位差见式（1）。n_e，n_o 分别为偏振光 o 光的折射率和偏振光 e 光的折射率，d 为晶体厚度，光线穿过晶体时两波的光程差为 $\Delta = (n_e - n_o)d$。

$$\delta = \frac{2\pi}{\lambda}\Delta = \frac{2\pi}{\lambda}(n_e - n_o)d \tag{1}$$

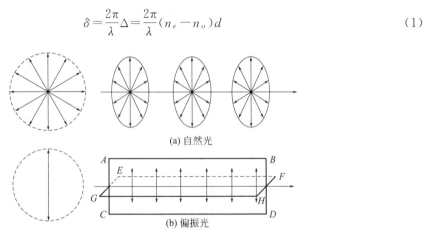

(a) 自然光

(b) 偏振光

图 2-22 自然光与偏振光

由于两束偏振光的干涉现象，使得它们在通过检偏器时，只有其中平行于检偏器振动方向的分量才能通过，最后分别形成球晶照片上的亮暗区域，即黑十字消光图像，如图 2-23（a）所示。当样品在平面内旋转时，黑十字保持不动，意味着所有的径向结构单元在结晶学上是等效的。此外，有的球晶中会出现条状晶片周期性地扭转，如图 2-23（b）所示，图像也能够呈现出明暗相间的消光同心圆环。

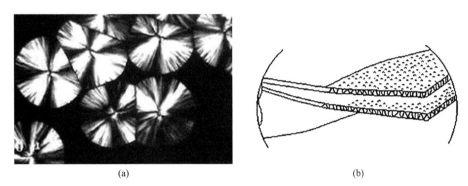

(a)

(b)

图 2-23 黑十字消光现象与条状晶片

三、 实验设备及原料

设备：偏光显微镜，如图 2-24 所示。

原料：等规聚丙烯样品、无水乙醇、剪刀、镊子、脱脂棉。

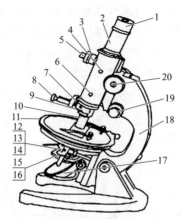

图 2-24　单目镜偏光显微镜示意图

1—目镜；2—目镜筒；3—勃氏镜手轮；4—勃氏镜左右调节手轮；5—勃氏镜前后调节手轮；
6—检偏镜；7—补偿器；8—物镜定位器；9—物镜座；10—物镜；11—旋转工作台；
12—聚光镜；13—拉索透镜；14—可变光栏；15—起偏镜；16—滤色片；17—反射镜；
18—镜架；19—微调手轮；20—粗调手轮

四、 实验步骤

（1）接通电源，打开升温控制单元，将粗调电压旋钮转至 220V 左右。

（2）用棉纸把物镜包上，打开上隔热玻璃，将热台加热到 200℃ 恒温 2min，除去潮气，然后关闭升温控制单元。将金属散热块置于热台上，使热台迅速下降到所需温度。

（3）将载玻片用脱脂棉蘸少许乙醇擦干净，放入热台工作面上。用刀片切不足 1mm² 的等规聚丙烯置于载玻片上，并加一盖玻片，然后用拨圈移动载玻片，使被测样品置于中央小孔上方。将隔热玻璃盖在加热台的台肩面上。

（4）打开光源开关，旋转手柄调节物距，使被测样品位于目镜视场上，以获得清晰的图像。

（5）打开升温控制单元开关，通过粗调电压和精调电压，使初期升温速率为 2～3℃/min。当温度升至 150～160℃ 时，再精调电压使之以 1℃/min 左右的速率升温。同时注意观察样品的变化，从样品边缘钝化直至视野全部变黑为止，停止升温，记录样品熔融时的温度范围，即熔限。

（6）将温控单元开关置于关闭位置，让热台自然冷却，同时观察视野中的变化，通过目镜上显示的标尺，记录球晶尺寸的变化。

（7）当冷却到 100℃ 以下时，可重新升温再做一次，以上观察的同时，要记下发生各种现象的温度。

五、 数据处理

（1）记录等规聚丙烯的熔限。

（2）记录等规聚丙烯完全结晶的温度。

（3）通过在线拍摄记录样品图像，并通过球晶尺寸的变化推算结晶速率。

六、　思考题

1. 为什么在正交偏振光下能测结晶高聚物的熔点？
2. 取向纤维状结晶与球晶在偏振光下图形有何不同？
3. 从结晶结构上解释冷却结晶的图形。
4. 初步估计等规聚丙烯最高结晶速率对应的温度与熔点的关系。

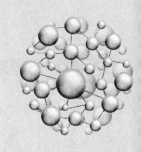

实验十二

激光小角散射法测量聚合物球晶尺寸

随着光散射理论的发展和激光技术的应用，19 世纪 60 年代小角光散射技术（Small Angular Light Scattering，简写为 SALS）问世，该技术的研究范围在 $0.5\mu m$ 到几十微米之间。由于小角光散射技术的测量范围与聚合物的晶体、取向结构的尺寸相当，因此激光小角光散射法广泛地用来研究聚合物薄膜、纤维中的结构形态及其拉伸取向、热处理过程结构形态的变化、液晶的相态转变等。小角光散射技术所需实验装置简单，测定时快速且不破坏试样，尤其是对光学显微镜难以辨认的小球晶能够有效地测量，同时该技术也能在动态条件下快速测量结构随时间的变化趋势，所以它已经成为研究聚合物聚集态的有效方法之一。它与电子显微镜、X 射线衍射法以及光学显微镜等方法相结合可以提供较全面的关于晶体结构的信息，目前已广泛应用于研究聚合物的结晶过程接近形态以及聚合物的薄膜拉伸过程中形态结构的变化。

一、 实验目的

1. 了解激光小角散射的基本原理。
2. 学会激光小角散射仪的使用方法。
3. 用激光小角散射仪测定聚合物球晶的半径。

二、 实验原理

图 2-25 是激光小角散射的原理图。当一束准直性的激光束经过起偏镜射到样品上，由于样品内的密度和极化率不均匀将使光产生散射。散射光经过检偏镜后直接投射在记录面上，所产生的图像可通过摄像观察或直接观察。如图所示，θ 为散射角，是某一束散射光与入射光方向之间的夹角；μ 为方位角，是一束散射光记录面的交点和中心点的连线与 Z 轴之间的夹角。

如起偏镜和检偏镜的偏振方向平行，则称为 V_v 散射；当起偏镜和检偏镜方向垂直，则称为 H_v 散射。研究结晶性聚合物时，H_v 图应用较为广泛。

目前对球晶的小角激光光散图形的理论解释主要存在"模型法"和"统计法"两种，其中由于模型法处理简单，因而应用更为广泛。模型法是罗兹和斯坦从处于各向同性介质中的

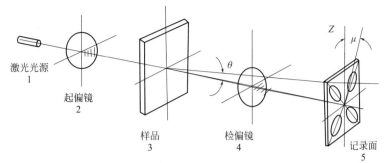

图 2-25　激光小角散射原理图

均匀的各向异性球的模型出发来描述聚合物球晶的光散射。

实验证实：球晶中聚合物分子链总是垂直于球镜径向，分子链的这种排列使得球晶光学上呈各向异性，即球晶的极化率在径向和切向不同。假设聚合物球晶是一个均匀而各向异性的球，考虑光与圆球体系的相互作用，根据瑞利-德拜-甘斯散射模型推导出用模型参数表示的散射光强度公式：

$$I_{Hv}=AV_0^2\left(\frac{3}{U^3}\right)^2\left[(\alpha_r-\alpha_t)\cos^2\left(\frac{\theta}{2}\right)\sin\mu\,\cos\mu(4\sin U-U\cos U-3\sin U)\right]^2 \tag{1}$$

式中，I_{Hv} 为 H_v 散射光强度；A 为比例系数；V_0 为球晶体积；α_r 和 α_t 为球晶的径向和切向极化率；θ 为散射角；μ 为方位角；U 为形状因子，定义为：

$$U=\frac{4\pi R}{\lambda}\sin\left(\frac{\theta}{2}\right) \tag{2}$$

式中，R 为半径；λ 为光在介质中的波长。sin 定义为下面的定积分：

$$\sin U=\int_O^U\frac{\sin x}{x}\mathrm{d}x \tag{3}$$

从式（1）可以看出，H_v 散射强度与球晶的光学各向异性项 α_r、α_t 有关，及散射角 θ 方位角 μ 有关。

从式（1）可以看出，当 $\mu=0°$、$90°$、$180°$、$270°$时，$\sin\mu\cos\mu=0$，所以 $I_{Hv}=0$，而当 $\mu=45°$、$135°$、$225°$、$315°$ 时，$\sin\mu\cos\mu$ 有极值，因而散射光强度也出现极大值。这四强四弱相间排列一周得到了呈四叶瓣形状的 H_v 散射图。

当方位角 μ 固定时，散射角光强是散射角 θ 的函数，当取 $\mu=\dfrac{2n-1}{4}\pi$ 时（n 为整数），理论和实验证明，I_{Hv} 出现极大值时 U 值恒等于 4.09，即

$$U_{\max}=\frac{4\pi R}{\lambda}\sin\left(\frac{\theta_m}{2}\right)=4.09 \tag{4}$$

所以

$$R=\frac{4.09\lambda}{4\pi\sin\left(\dfrac{\theta_m}{2}\right)} \tag{5}$$

本实验中所用光源为 He-Ne 激光器，其工作波长为 6328Å，如果再考虑到测定聚合物球晶半径实际上是一种平均值，所以式（5）变成

$$\bar{R}=\frac{0.206}{\sin\left(\dfrac{\theta_m}{2}\right)}(\mu m) \tag{6}$$

三、 实验设备及原料

设备：SD4860 激光小角散射仪，其主要组成部分如图 2-26 所示。

仪器及原料：盖玻片、热台、镊子、刀片、聚乙烯（PE）粒料。

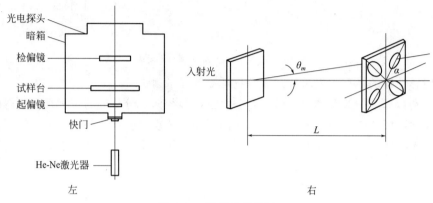

图 2-26　散射仪示意图

四、 实验步骤

（1）热台升温至一定温度（160～200℃）。

（2）将盖玻片置于热台上。

（3）用刀片切上少许 PE 置于热台上的盖玻片上，待原料熔融后，盖上一片盖玻片稍用力压成薄膜。

（4）选择一种结晶条件（热结晶、自然冷却或快速冷却等）制成试样，以备观察和测定。

（5）小角激光散射观测，其步骤如下。

① 接通总电源开关及激光器电源和微电流放大器电源开关。

② 调节电流调节器旋钮，使毫安表电流指示为 5mA，这时激光器应发出稳定的红光。

③ 把快门置于"常开"位置，把试样放在试样台上，在毛玻璃上观察图形。

④ 起偏镜偏振方向是固定的，检偏镜的偏振方向可以调节，调节检偏镜使散射光强或中心亮点达到最暗时，起、检偏镜的偏振方向垂直。

⑤ 照相时根据散射光强，选择适当的曝光时间。

⑥ 微电流放大器预热 30min，可用光探头（光电池）在亮叶瓣对称线方向上移动，读出中心点对称的两光强最大点位置 X_1 和 X_2。

⑦ 记录载样台的位置 H。

⑧ 把激光管电流调小后，关掉其电源。关掉微电流放大器电源及总电源。

五、 注意事项

（1）使用小角激光散射仪之前应检查接地是否良好。必须检查高压输出端是否接好及激光器是否完好方能接通激光器电源。必须在证实电流放大器的输出端与检测探头间连接确实可靠后才能接通电流放大器开关。

（2）电流放大器严禁在输出端开路下工作，它需要预热 30min 后才能工作。

（3）调节照相时的曝光时间及按动快门时，注意手尽量要远离激光器电极，高压危险。

六、　数据处理

θ_m 为入射角光与最强散射光之间的夹角，L 为从样品到记录面之间的距离。d 为记录面上 H_v 图中心到最大散射光点的距离，实验测得 L 和 d 就可以计算出 θ_m：

$$\theta_m = \alpha_r \cot \frac{d}{L} \tag{7}$$

七、　思考题

1. 简述球晶大小与制样条件的关系。
2. 聚合物的结构对其结晶性有何影响？

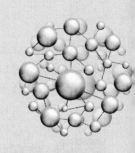

实验十三

X 射线衍射法分析聚合物晶体结构

众所周知，结晶条件不同，聚合物晶体可以呈现出不同的形态，如：单晶、树枝晶、球晶、纤维晶及伸直链晶体等。每一种晶体都有自己特有的化学组成和晶体结构。不同的晶体结构意味着材料的不同性能。晶体具有周期性结构，一个立体的晶体结构可以看成是一些完全相同的原子平面网按一定的距离 d 平行排列而成，也可看成是另一些原子平面按另一距离 d' 平行排列而成。故一个晶体必存在着一组特定的 d 值。结构不同的晶体其 d 值不相同。X 射线衍射法是测量聚合物晶体结构的通用方法。当 X 射线通过晶体时，每一种晶体都有自己特征的衍射花样，其特征可以用衍射面间距 d 和衍射光的相对强度来表示。面间距 d 与晶胞的大小、形状有关，相对强度则与晶胞中所含原子的种类、数目及其在晶胞中的位置有关。可以用它进行相分析，测定结晶度、结晶取向、结晶粒度、晶胞参数等。

一、 实验目的

1. 掌握 X 射线衍射分析的基本原理。
2. 学习 X 射线衍射仪的操作与使用。
3. 对多晶聚丙烯进行 X 射线衍射测定。

二、 实验原理

X 射线衍射基本原理是当一束单色 X 射线入射到晶体时，由于晶体是由原子有规则排列的晶胞所组成，而这些有规则排列的原子间距离与入射 X 射线波长具有相同的数量级，迫使原子中的电子和原子核成了新的发射源，向各个方向散发 X 射线，这是散射。不同原子散射的 X 射线相互干涉叠加，可在某些特殊的方向上产生强的 X 射线，这种现象称为 X 射线衍射。

假定晶体中某一方向上的原子面网之间的距离为 d，波长为 λ 的 X 射线以夹角 θ 射入晶体（如图 2-27 所示）。在同一原子面网上，入射线与散射线所经过的光程相等；在相邻的两个原子面网上散射出来的 X 射线有光程差，只有当光程差等于入射波长的整数倍时，才能产生被加强了的衍射线，即布拉格（Bragg）公式：

$$2d\sin\theta = n\lambda \tag{1}$$

式中，n 是整数。知道了入射 X 射线的波长，实验测得了夹角，就可以算出等周期 d。

图 2-28 是某一晶面以夹角绕入射线旋转一周，则其衍射线形成了连续的圆锥体，其半圆锥角为 2θ。由于不同方向上的原子面网间距离具有不同的 d 值，对于不同 d 值的原子面网组，只要其夹角能符合式（1）的条件，都能产生圆锥形的衍射线组。实验中不是将具有各种 d 值的被测面以 θ 夹角绕入射线旋转，而是将被测样品磨成粉末，制成粉末样品，则样品中的晶体做完全无规则的排列，存在着各种可能的晶面取向。由粉末衍射法能得到一系列的衍射数据，可以用德拜照相法或衍射仪法记录下来。本实验采用 X 射线衍射仪，直接测定和记录晶体所产生的衍射线的方向（θ）和强度（I），当衍射仪的辐射探测器计数管绕样品扫描一周时，就可以依次将各个衍射峰记录下来。

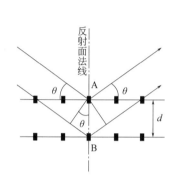

图 2-27　原子面网对 X 射线的衍射

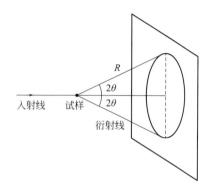

图 2-28　X 射线衍射示意图

三、 实验设备及原料

实验设备为 BDX3200 型 X 射线衍射仪，铜靶、波长 $\lambda = 0.15405 \mu m$。实验原料为等规聚丙烯样品，无定形聚丙烯。

BDX3200 型 X 射线衍射仪的基本组成部分是：X 射线源、样品及样品位置取向的调整机构、衍射线方向和强度的测量系统、衍射图的处理分析系统四部分。多晶 X 射线衍射仪主要由以下几部分构成：X 射线发生器、测角仪、X 射线探测器、X 射线数据采集系统和各种电气系统、保护系统。如图 2-29 所示。

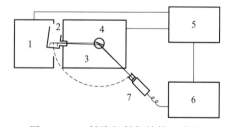

图 2-29　X 射线衍射仪结构示意图
1—X 射线产生器；2—X 射线管；3—测角仪；
4—样品池；5—计算机系统；
6—测量记录系统；7—检测器

四、 实验步骤

（1）样品制备

① 无定形聚丙烯用四氢萘溶解，过滤除去不溶物，析出、干燥、除尽溶剂。

② 样品 a 的制备：将等规聚丙烯在 240℃ 下熔融，在冰水中急冷。

③ 样品 b 的制备：取步骤②的样品在 160℃ 油浴中恒温 30min。

④ 样品 c 的制备：取步骤②的样品在 105℃ 油浴中恒温 30min。

⑤ 样品 d 的制备：将等规聚丙烯在 240℃热压至 1～2mm 厚，恒温 30min 后，以每小时 10℃的速率冷却。

（2）将准备好的试样插入衍射仪样品架，盖上顶盖关闭好防护罩。开启水龙头，使冷却水流通。检查 X 光管电源，打开稳压电源。

（3）开启衍射仪总电源，启动循环水泵。待准备灯亮后，接通 X 光管电源。缓慢升高电压、电流至需要值（若为新 X 光管或停机再用时，需预先在低管压、管流下"老化"后再用）。设置适当的衍射条件。打开记录仪和 X 光管窗口，使计数管在设定条件下扫描。

（4）测量完毕，关闭 X 光管窗口和记录仪电源。利用快慢旋转使测角仪计数管恢复至初始状态。缓慢顺序降低管电流电压至最小值，关闭 X 光管电源，取出试样。15min 后关闭循环水泵，关闭水龙头。关闭衍射仪总电源、稳压电源及线路总电源。

（5）结晶聚合物分析　在结晶高聚物体系中，结晶和非结晶两种结构对 X 射线衍射的贡献不同。结晶部分的衍射只发生在特定的 θ 角方向上，衍射光有很高的强度，出现很窄的衍射峰，其峰位置由晶面距 d 决定，非晶部分会在全部角度内散射。把衍射峰分解为结晶和非结晶两部分，结晶峰面积与总面积之比就是结晶度 f_c：

$$f_c = \frac{I_c}{I_0} = \frac{I_c}{I_c + I_a} \tag{2}$$

式中，I_c 为结晶衍射的积分强度；I_a 为非晶散射的积分强度；I_0 为总面积。

高聚物很难得到足够大的单晶，多数为多晶体，晶胞的对称性不高，得到的衍射峰都有比较大的宽度，又与非晶态的弥散图混在一起，因此测定晶胞参数不是很容易，高聚物结晶的晶粒较小，当晶粒小于 10nm 时，晶体的 X 射线衍射峰就开始弥散变宽，随着晶粒变小，衍射线越来越宽，晶粒大小和衍射线宽度间的关系可由谢乐（Scherrer）方程计算：

$$L_{hkl} = \frac{K\lambda}{\beta_{hkl}\cos\theta_{hkl}} \tag{3}$$

式中，L_{hkl} 为晶粒垂直于晶面 hkl 方向的平均尺寸——晶粒度，单位为 nm；β_{hkl} 为该晶面衍射峰的半峰高的宽度，单位为弧度；K 为常数（0.89～1）其值取决于结晶形状，通常取 1；θ 为衍射角，单位为度。

根据此式，即可由衍射数据算出晶粒大小。不同的退火条件及结晶条件对晶粒消长有影响。

五、 数据处理

1. 结晶度计算

对于 α 晶型的等规聚丙烯，近似地把（110）（040）两峰间的最低点的强度值作为非晶散射的最高值，由此分离出非晶散射部分，因而，实验曲线下的总面积就相当于总的衍射强度 I_0。此总面积减去非晶散射下面的面积（I_a）就相当于结晶衍射的强度（I_c），就可求得结晶度 f_c。

2. 晶粒度计算

由衍射谱读出 [hkl] 晶面的衍射峰的半高宽 β_{hkl} 及峰位 θ，计算出核晶面方向的晶粒度。讨论不同结晶条件对结晶度、晶粒大小的影响。

六、 思考题

1. 影响结晶程度的主要因素有哪些？
2. X射线在晶体上产生衍射的条件是什么？
3. 除了X射线衍射法外，还可以使用哪些手段来测定高聚物的结晶度？
4. 除去仪器因素外，X射线图中的峰位置不正确可能由哪些因素造成？

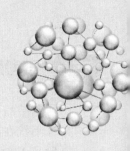

实验十四

溶胀平衡法测定交联聚合物的交联度

聚合物发生交联时不但可以阻止高分子材料受力时分子链的黏性流动，同时不同的交联度也会使得分子链构象变化时运动受限，因此交联性聚合物的物理参数——交联度对高分子材料的力学性能将产生巨大的影响。目前测量交联度的方法不多，对于交联度很小或很大的试样，还难于测定。溶胀法是目前测定聚合物交联度较为广泛采用的方法。交联聚合物在溶剂中不能溶解，但是能发生一定的溶胀，而溶胀度则取决于聚合物的交联度。众所周知，当交联聚合物与溶剂接触时，由于交联点之间的分子链段仍然较长，具有相当的柔性，溶剂分子容易渗入聚合物内，引起三维分子网的伸展使其体积膨胀。但是交联点之间分子链的伸展却引起其构象熵的降低，进而分子网将同时产生弹性收缩力，使分子网收缩，因而将阻止溶剂分子进入分子网。当这两种相反的作用相互抵消时，体系就达到了溶胀平衡状态，溶胀体的体积不再变化。随着聚合物交联度的增加，交联点间链段长度减小，分子网络的柔性减小，聚合物的溶胀度相应减小。而当高度交联的聚合物与溶剂接触时，由于交联点之间的分子链段很短，不再具有柔性，溶剂分子很难进入这种刚硬的小分子网络，因此聚合物的溶胀程度将大大减小。

一、 实验目的

1. 了解溶胀平衡法测定聚合物交联度的基本原理。
2. 根据体积法和质量法测定交联聚合物的溶胀度。
3. 加深对交联橡胶统计理论的认识。

二、 实验原理

溶胀法可分为溶胀体积法和溶胀平衡法。前者是测定溶胀平衡时的体积，可用称重方法根据试样所吸收的溶剂的质量计算体积。溶胀平衡法是测定样品溶胀后扩张的模数。

在溶胀过程中，溶胀体内的自由能变化应为：

$$\Delta G = \Delta G_{MM} + \Delta G_{el} < 0 \tag{1}$$

其中，ΔG_{MM} 为高分子-溶剂的混合自由能，ΔG_{el} 为分子网的弹性自由能，当达到溶胀平衡时：

$$\Delta G = \Delta G_{MM} + \Delta G_{el} = 0 \tag{2}$$

溶胀后的凝胶实际上是聚合物的浓溶液，因此形成溶胀体的条件与线形聚合物形成溶液的条件相同。根据高分子溶液的似晶格模型理论，高分子溶液的稀释自由能可以表示为：

$$\Delta \mu_1^M = RT[\ln \psi_2 + (1 - 1/X)\psi_2 + \chi_1 \psi_2^2] \tag{3}$$

式中，ψ_1、ψ_2 分别为溶剂和聚合物在溶胀体中的体积分数；χ_1 为高分子-溶剂分子相互作用参数；T 为温度；R 为理想气体常数；X 为聚合物的聚合度。对于交联聚合物 $X \to \infty$，因此上式简化为：

$$\Delta \mu_1^M = RT[\ln \psi_1 + \psi_2 + \chi_1 \psi_2^2] \tag{4}$$

交联聚合物的溶胀过程类似于橡胶的形变过程，因此可直接引用交联橡胶的储能函数公式，即：

$$\Delta G_{el} = 1/2 N K T (\lambda_1^2 + \lambda_2^2 + \lambda_3^2 - 3)$$
$$= \rho RT / 2M_c \quad (\lambda_1^2 + \lambda_2^2 + \lambda_3^2 - 3) \tag{5}$$

式中，N 为单位体积内交联链的数目；K 为玻尔兹曼常数；ρ 为聚合物的密度；M_c 为两交联点之间分子链的平均分子量；λ_1、λ_2、λ_3 分别为聚合物溶胀后在三个方向上的尺寸（设式样溶胀前是一个单位立方体 V_1）。假定该过程是各向同性的自由溶胀，则设：

$$\lambda_1 = \lambda_2 = \lambda_3 = \lambda = (1/\psi_2)^{1/3} \tag{6}$$

因此偏摩尔弹性自由能为：

$$\Delta \mu_1^{M_{el}} = \frac{\partial \Delta G_{el}}{\partial n_1} = (\rho RT / M_c) v_1 \psi_2^{1/3} \tag{7}$$

当达到溶胀平衡时：

$$\Delta \mu^M = \Delta \mu_1^M + \Delta \mu_1^{M_{el}} = 0 \tag{8}$$

将式（4）和式（7）代入式（8），结果得

$$\ln \psi_1 + \psi_2 + \chi_1 \psi_2^2 + (\rho / M_c) v_1 \psi_2^{1/3} = 0 \tag{9}$$

设橡皮式样溶胀后与溶胀前的体积比，即橡胶的溶胀度为 Q，显然

$$Q = 1/\psi_2 \tag{10}$$

当聚合物交联度不高时，即 M_c 较大时，在良溶剂中，Q 可超过 10，此时可将 $\ln \psi_1 = \ln(1 - \psi_2)$ 近似展开并略去高次项，带入式（9），结果得：

$$M_c = \rho V_1 Q^{5/3} / (1/2 - \chi_1) \tag{11}$$

所以在已知 ρ、χ_1 和 V_1 的条件下，只要测出样品的溶胀度 Q，利用上式就可以求得交联聚合物在两交联点之间的平均分子量 M_c。显然，M_c 的大小表明了聚合物交联度的高低，M_c 越大，交联点之间分子链越长，表明聚合物的交联度越低；反之，M_c 越小，交联点间分子链越短，交联程度越高。

测定交联聚合物溶胀度的方法有两种：一种是体积法，即用溶胀计直接测定样品的体积，隔一段时间测定一次，直至所测的样品体积不再增加，表明溶胀已达到平衡；另一种方法是质量法，即跟踪溶胀过程，对溶胀体称重，直至溶胀体两次质量之差不超过 0.01g，此时可认为体系已达到溶胀平衡。溶胀度按下式计算：

$$Q = (w_1 / \rho_1 + w_2 / \rho_2) / (w_2 / \rho_2) \tag{12}$$

式中，w_1 和 w_2 分别为溶胀体中溶剂和聚合物的质量；ρ_1 和 ρ_2 分别为溶剂的密度和聚合物在溶胀前的密度。

三、 实验设备及原料

设备：天平、恒温装置 1 套、大试管（带塞）2 个、50mL 烧杯 1 个、镊子 1 把。

原料：不同交联度的天然橡胶样品、苯。

四、 实验步骤

（1）溶胀前的天然橡胶样品质量的测定：在分析天平上先将空称量瓶称重，然后往称量瓶中放入一块天然橡胶样品，再称重，求出样品的质量。

（2）将称重后的样品放入大试管内，加入苯（溶剂量约至试管 1/3 处），盖紧试管塞，然后将试管放入恒温水槽中溶胀。

（3）溶胀后样品质量的测定：每隔 30min 测定一次样品质量，每次都要轻轻地取出溶胀体，迅速用滤纸吸干样品表面吸附的溶剂，立即放入称量瓶中，盖紧瓶塞后称重，记录质量，然后再放回溶胀管中继续溶胀，直至两次称出的质量之差不超过 0.01g，即认为溶胀过程达到平衡。

五、 注意事项

尚未交联的聚合物在溶剂中最终将会被溶解。交联度太低时，分子网中存在的自由末端对溶胀没有贡献，与理论偏差较大。此外，交联度太低的聚合物含有可以溶于溶剂的部分，在溶胀后形成强度很低的溶胶给测定带来很多不便，也会引起较大的实验误差。因此溶胀平衡法只适于测定中度交联聚合物的交联度。

六、 数据处理

（1）记录实验数据。

（2）已知天然橡胶-苯体系在 25℃ 时，苯的密度 $\rho_1 = 0.88g/cm^3$，聚合物密度 $\rho_2 = 0.9743g/cm^3$。计算聚合物溶胀度 Q 及两交联点之间分子链的平均分子量。

七、 思考题

1. 溶胀法测定交联聚合物的交联度有什么优点和局限性？

2. 样品交联度过高或过低对结果有何影响，为什么？

3. 从高分子结构和分子运动角度讨论线形聚合物、交联聚合物在溶剂中的溶胀情况有何区别？

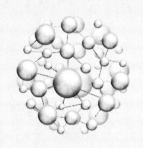

实验十五

密度梯度管法测定聚合物的密度和结晶度

等规聚合物在实际的加工成型过程中，如挤出、拉伸、模压、吹塑和注射等条件下，往往伴随着聚合物的结晶，而聚合物不同的结晶度将对材料的各方面性能产生重要影响。因此，表征聚合物的结晶度是高分子实验中的一项重要内容。聚合物结晶度的测定方法虽有 X 射线衍射法、红外吸收光谱法、核磁共振法、差热分析、反相色谱等，但都要使用复杂的仪器设备。聚合物在结晶时由于其分子链的有序堆积，其密度将与无定形态出现较大差别，同时密度的变化也与聚合物的结晶度息息相关。因此通过测定结晶过程中聚合物密度的变化，可反映出聚合物的结晶度。密度梯度管法是一种简单易行又较为准确的测量物质密度的方法，而且它能同时测定一定范围内多个不同密度的样品，尤其对很小的样品或是密度改变极小的一组样品，需要高灵敏的测定方法来观察其密度改变时，应用此法既方便又灵敏。

一、 实验目的

1. 掌握用密度梯度管法测定聚合物密度、结晶度的基本原理和方法。
2. 利用文献上某些结晶性聚合物（PE、PP）的晶区和非晶区的密度数据，计算结晶度。

二、 实验原理

由于高分子结构的不均一性以及大分子内摩擦的阻碍等原因，聚合物的结晶总是不完善的，而是晶相与非晶相共存的两相结构，结晶度 f_w 即表征聚合物样品中晶区部分重量占全部重量的百分数：

$$f_w = W_{晶区重量} / W_{样品总重} \tag{1}$$

在结晶聚合物中（如 PP、PE 等），晶相结构排列规则，堆砌紧密，因而密度大；而非晶结构排列无序，堆砌松散，密度小。所以结晶聚合物是晶区与非晶区以不同比例两相共存的聚合物，密度的差别反映了结晶度的差别。测定聚合物样品的密度，便可求出聚合物的结晶度。

密度梯度管法测定结晶度的原理就是在此基础上，利用聚合物比容的线形加和关系测定的，即聚合物的比容是晶区部分比容与无定形部分比容之和。聚合物的比容 $\bar{V}$ 和结晶度 f_w

有如下关系：

$$\bar{V} = \bar{V}_c \cdot f_w + \bar{V}_a (1 - f_w) \tag{2}$$

式中，$\bar{V}_c$ 为样品中结晶区的比容，可以从 X 光衍射分析所得的晶胞参数计算求得；$\bar{V}_a$ 为样品中无定形区的比容，可以用膨胀计测定不同温度时该聚合物熔体的比容，然后外推得到该温度时非晶区的比容 $\bar{V}_a$ 的数值。根据式（2），样品的结晶度可按下式计算：

$$f_w = \frac{\bar{V} - \bar{V}_a}{\bar{V}_c - \bar{V}_a} \times 100\% = \frac{\rho_c (\rho - \rho_a)}{\rho (\rho_c - \rho_a)} \times 100\% \tag{3}$$

比容为密度的倒数，即 $\bar{V} = \dfrac{1}{\rho}$。这里 ρ_c 为被测聚合物完全结晶（即 100% 结晶）时的密度，ρ_a 为无定形时的密度，从测得聚合物试样的密度 ρ 可算出结晶度 f_w。将两种密度不同，又能互相混溶的液体置于管筒状玻璃容器中，高密度液体在下，低密度液体轻轻沿壁倒入，由于液体分子的扩散作用，使两种液体界面被适当地混合，达到扩散平衡，形成密度从上至下逐渐增大，并呈现连续的线形分布的液柱，俗称密度梯度管。将已知准确密度的玻璃小球投入管中，标定液柱密度的分布，以小球密度对其在液柱中的高度 h 作图，得一曲线（图 2-30），其中间一段呈直线，两端略弯曲。向管中投入被测试样后，试样下沉至与其密度相等的位置就悬浮静止，测试试样在管中的高度后，由密度-液柱高度的关系图查出试样的密度。也可用内插法计算试样的密度。

三、 实验设备及原料

设备：带磨口塞玻璃密度梯度管（图 2-31）、恒温槽、测高仪、标准玻璃小球一组、密度计、磁力搅拌器。

原料：水、工业乙醇、聚乙烯、聚丙烯（小粒样品）。

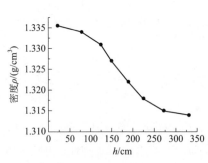

图 2-30　密度梯度管的标定曲线
（二甲苯-四氯化碳）

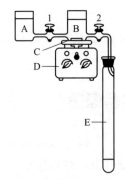

图 2-31　连续注入法制备密度梯度管装置
A—轻液容器；B—重液容器；C—搅拌子；
D—搅拌器；E—梯度管

四、 实验步骤

（1）制备密度梯度管：如图 2-31 所示，A、B 是两个同样大小的玻璃圆筒，A 盛轻液，B 盛重液。它们的体积之和为密度梯度管的体积，B 管下部有搅拌子在搅拌，初始流入梯度管的是重液，开始流动后 B 管的密度慢慢变化，显然梯度管中液体密度变化与 B 管的变化是一致的。

（2）密度梯度管的校验：将已知密度的一组玻璃小球（直径为 3mm 左右），由密度大至小依次投入管内，平衡后（一般要 2h 左右）用测高仪测定小球悬浮在管内的重心高度，然后做出小球密度对小球高度的曲线，如果得到的是一条不规则曲线，必须重新制备梯度管。校验后梯度管中任何一点的密度可以从标定曲线上查得。密度梯度是非平衡体系，温度和使用的操作等原因会使标定曲线发生改变。标定后，小球可停留在管中作参考点，实验中已知密度的一组玻璃浮标（玻璃小球）8 个，每隔 15min 记录一次高度，在连续两次之间各个浮标的位置读数相差在 ±0.1mm 时，就可以认为浮标已经达到平衡位置（一般约需 2h）。

（3）把待测样品用容器分别盛好，放入 60℃ 的真空烘箱中，干燥 24h，取出放于干燥器中待测。

（4）取准备好的样品（PE、PP），先用轻液浸润试样，避免附着气泡，然后轻轻放入管中，平衡后测定试样在管中的高度，重复测定 3 次。

（5）测试完毕，用金属丝网勺按由上至下的次序轻轻地逐个捞起小球，并且事先将标号袋由小到大严格排好次序，使每取出一个小球即装入相应的袋中，待全部玻璃小球及试样依次捞起后，盖上密度梯度管的盖子。

五、注意事项

密度梯度管制备时，根据欲测试样密度的大小和范围，确定梯度管测量范围的上限和下限，然后选择两种合适的液体，使轻液的密度等于上限，重液的密度等于下限。选择密度梯度管的液体，除满足所需密度范围外还要求：①不被试样吸收，不与试样起任何物理、化学反应；②两种液体能以任何比例相互混合；③两种液体混合时不发生化学作用；④具有低的黏度和挥发性。

六、数据处理

1. 记录实验数据，并作出标定曲线。

浮标密度								
立即下降高度								
15min 后高度								
30min 后高度								

2. 试样密度的测定，数据记入下表中。

试样名称								
立即下降高度								
15min 后高度								
30min 后高度								
密度								

3. 结晶度的计算。

从文献上查得：

聚乙烯　　　　　晶区密度 $\rho_c = 1.220\text{g/cm}^3$

　　　　　　　　非晶区密度 $\rho_a = 1.069\text{g/cm}^3$

聚丙烯　　　　　晶区密度 $\rho_c = 1.230\text{g/cm}^3$

　　　　　　　　非晶区密度 $\rho_a = 1.084\text{g/cm}^3$

根据式（3）求出结晶度。

七、 思考题

1. 如要测定一个样品的密度，是否一定要用密度梯度管，还可以用什么方法测定？

2. 影响密度梯度管精确度的因素有哪些？

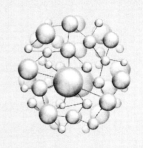

实验十六

测定合成纤维的取向度

无定形聚合物在拉伸薄膜时，分子链发生构象变化，沿拉伸方向进行取向，从而使材料在拉伸方向上的力学性能出现较大提升。结晶性聚合物经过纺丝后，通常需进一步进行牵引，使得纤维中的高分子链及高分子微晶沿着牵引方向（纤维轴的方向）产生一定程度的取向。同时，随着牵引力的增加，拉伸诱导结晶现象的产生导致聚合物的结晶度逐渐上升，伸长率降低，纤维的强度增加。由此可见，测定高分子的取向程度有着非常现实的意义。高分子微晶体及高分子链进行取向时必然会导致聚合物光学各向异性的增加，使得纤维的取向程度以及纤维在纵向和轴向上的折射率存在一定差异。测定聚合物双折射的方法很多，常用的有"油浸法"和"声速法"。油浸法可用于测定各种截面形态纤维的表层双折射，本实验即用油浸法和声速法测定纤维的双折射。

一、 实验目的

1. 掌握测定合成纤维双折射的油浸法。
2. 了解纤维取向的测试方法及油浸法的原理。
3. 学会用阿贝折光仪测定液体的折射率。

二、 实验原理

1. 油浸法

当光线通过取向的纤维时（即纤维是光学各向异性的），则平行于纤维轴方向的折射率 n 与垂直于纤维轴方向的折射率 n_1 不相等，二者之差称为纤维的双折射 Δn。

$$\Delta n = |n - n_1| \tag{1}$$

高分子链沿纤维方向的排列越规整，取向度越大，则两个方向上的折射率差 Δn 越大，所以可用双折射的大小来度量纤维的取向度。然而需要提出的是，双折射反应的是小尺寸范围内的取向，并且所测得的是晶区和非晶区两种取向的总效果。测量纤维取向的方法有多种，以油浸法较为简单，同时由于油浸法能测不易直接测定的细小固体物质的折射率，更显示了油浸法的优点。当偏振光透过浸在油中的晶体的边缘时，晶体对于这些光线的作用如同棱镜一样。如果晶体的折射率大于浸油的，光线通过晶体边缘时，向晶体方向倾斜，导致自晶体边缘倾斜的光线和通过晶体中部未发生倾斜的光线在晶体上部相交，使得晶体边缘靠近晶体一侧的光被增强，而晶体边缘本身的光却变弱，如图 2-32 所示。因此利用显微镜准焦于晶体之上的平面 AB 上，可以观察到晶体的黑暗边缘以及一条亮线（贝克线），如图 2-33 所示，当提高镜筒时贝克线向折射率大的晶体方向移动。贝克线的产生是基于晶体和浸油的折射率存在差异，当晶体和浸油的折射率相等时，贝克线即消失不见，晶体的边缘也消失，晶体变得看不见。油浸法即是用折射率已知的浸油同被测物（纤维的折射率）进行比较。当纤维和浸油的折射率相当时，则在纤维和浸油的接触面上就不产生折射现象，就是说在偏光显微镜里观测不到他们之间有一条界线，好像纤维"溶解"在浸油里一样，此时浸油的折射率即是纤维的折射率。当将纤维旋转 90°后，再次通过油浸法测量纤维纵向的折射率。利用该方法可测得纤维的 n、n_1。根据式（1）即可求得纤维的折射率差值，利用该差值的变化反映出纤维取向度的变化。

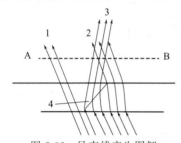

图 2-32　贝克线产生图解

1—浸油的光路图；2—通过晶体的光路图；
3—通过晶体边缘的光路图；4—代表晶体边缘

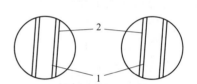

图 2-33　偏光显微镜中的贝克线

1—贝克线；2—纤维轮廓线

2. 声速法

声速法即通过测定声波在材料中的传播速率来计算材料的取向度以及模量。声波沿纤维中高分子链方向传播要比沿垂直于主链方向上的传播快得多，这是因为在主链的方向上，声波的传播是依靠分子内化学键来实现的，传播快；而在垂直于主链的方向上，声波传播则是依靠分子间次价键来实现的，传播慢。但是高分子链并不是完全顺着纤维轴向排列，所以纤维中的声速与取向有关，取向度越高，声速越大。如果无规聚合物中的声速为 C_u，则按下式计算取向函数 F。

$$F = 1 - (C_u/C)^2 \tag{2}$$

本实验采用声速仪测定声波通过一定长度纤维的时间，再计算纤维中声速 C，进而计算 F。

三、 实验设备及原料

实验设备为偏光显微镜、阿贝折光仪、载玻片、盖玻片若干、浸油一套（本实验所用浸油折射率在 1.40～1.75 之间）、声速仪；实验原料为合成纤维。

在实际测量中，阿贝折光仪已将临界角的值通过连动装置转换成了读数，可以直接读取。

四、 实验步骤

1. 油浸法

（1）检查和熟悉偏光显微镜的各个部件及使用方法。

（2）将一小段纤维单丝放在载玻片上，用丙酮擦洗干净，再用盖玻片盖好，滴上几滴选择的某一号码的浸油，放在载物台上，调节镜筒的焦距至观测最清楚。

（3）首先在某一方向观测，即偏振光平行于纤维轴方向或垂直纤维轴方向，上下移动镜筒，观测贝克线移动方向，从而鉴定纤维折射率是大于或小于浸油，然后再决定选用比这一次折射率高或低的浸油，当在显微镜下看不清贝克线即纤维好像"溶解"在浸油里时，说明浸油的折射率和纤维的折射率很接近了，直接选出这样的两个相邻号码的浸油，其中一个浸油的折射率 n_1，比纤维的高，而另一个浸油的折射率 n_2 比纤维的低，（$n_1 + n_2$）的平均值就为纤维的折射率。

（4）旋转载物台 90°，测定另一方向纤维的折射率，用同样的测定方法，找出折射率为 n_1' 和 n_2' 的两号浸油。

（5）用阿贝折光仪测定选定浸油的折射率，记录数据。

2. 声速法

（1）确定恒温恒湿条件。

（2）接通声速测定仪和示波器电源。

（3）将声速测定仪"准备-测量"开关置于"准备"位置，预热 5min。

（4）当测量仪显示"2000"时，将一段纤维置于样品架上，并将标尺移至 20cm 处。

（5）将"准备-测量"开关置于"测量"位置，按下"20"触摸键，测定光波通过 20cm 的时间，并自动记录。

（6）待"40"触摸键指示灯亮起后，将"准备-测量"开关置于"准备"位置，并将标尺移至 40cm 处，将"准备-测量"开关置于"测量"位置，按下"40"触摸键，测定光波通过 40cm 的时间，并自动记录。

（7）重复步骤（3）～步骤（5）三次，记录相关数据。

（8）实验结束，按下复位键，关闭电源。

五、　数据处理

（1）$n_a = (n_1 + n_2)/2$

（2）$n_t = (n_1' + n_2')/2$

（3）$\Delta n = \mid n + n_\perp \mid$

（4）样品：_____；C_u：_____。记录声波通过一定长度纤维的时间 t_{20} 和 t_{40}。

（5）计算纤维中的声速：$C = (200/t_{40} - t_{20})$。

（6）计算取向函数 F。

六、　思考题

1. 油浸法测定合成纤维的双折射反映的是什么尺寸范围内的取向？

2. 测定聚合物取向的其他方法有哪些？其各自代表什么尺寸范围内的取向？

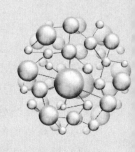

实验十七

扫描电子显微镜观察聚合物形态

高分子合金材料因其简便的制备方法、丰富的品种及优异的性能，广泛地应用于生活、军工、航天等各个领域。然而材料的相容性、结构形貌以及微相结构等问题都严重影响材料的综合性能，因此测定高分子材料的精细结构是十分重要的。一般实验室用的透射式电子显微镜的分辨率为 10 Å 左右，可以用于研究高分子聚合物或共聚物的两相结构；研究结晶聚合物的形态和结晶结构；以及研究非晶态聚合物的分子聚集形态等。随着我国电子光学工业的发展，电子显微镜在聚合物研究中的应用也越来越普及。扫描式电子显微镜是 20 世纪 30 年代中期发展起来的一种新型电镜，是一种多功能的电子显微镜分析仪器，能接收和分析电子与样品相互作用后产生的大部分信息。如被散射电子、二次电子、透射电子、衍射电子、特征 X 射线、俄歇电子、阴极发光等。因此，不但可以用于物理形貌的观察，而且可以进行微区成分分析。扫描电镜的上述优点，使其在聚合物形态研究中的应用越来越广泛。目前主要用于研究聚合物自由表面和断面的结果。例如观察聚合物的粒度、表面和断面的形貌与结构，增强高分子材料中填料在聚合物中的分布、形状及黏结情况等。

一、实验目的

1. 了解扫描电镜的工作原理和结构。
2. 掌握扫描电镜的基本操作。
3. 掌握扫描电镜样品的制备方法。

二、实验原理

本实验采用 KYKY-2800B 型扫描电子显微镜，该电镜通过接收二次电子和被散射电子进而成像。"二次电子"是入射到样品内的电子在透射过程和散射过程中，与原子的外层电子进行能量交换后，被轰击射出的次级电子。次级电子的激发区域为样品表面约 50Å 的区域。所以次级电子（二次电子）的发射与样品表面的物化性状息息相关，可以被用来研究样品的表面形貌。二次电子的分辨率较高可达 5～10nm，是扫描电镜应用的主要电子信息。"被散射电子"是入射电子与试样原子的原子核连续碰撞、发生弹性散射后重新从试样表面逸出的电子。因此被散射电子可反映试样表面深处 100nm～1μm 的情况，进而导致分辨率较低，为 50～100nm。

　　扫描电镜的工作原理如图 2-34 所示。带有一定能量的电子，经过第一、第二两个电镜透镜会聚，再经末级透镜（物镜）聚焦，成为一束很细的电子束（称之为电子探针或一次电子）。扫描线圈可控制电子探针在试样表面进行扫描，引起一系列的二次电子发射。这些二次电子信号被探测器依次接收，经信号放大处理系统（视频放大器）输入显像管的控制栅极上，调制显像管的亮度。由于显像管的偏转线圈和镜筒中的扫描线圈的扫描电流由同一扫描发生器严格控制同步，所以在显像管的屏幕上就可以得到与样品表面形貌相应的图像。

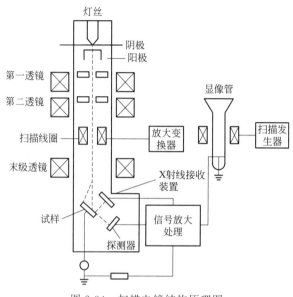

图 2-34　扫描电镜结构原理图

三、 实验设备及原料

　　设备：KYKY-2800B 型扫描电子显微镜，KYKY SBC-2 多功能表面处理机。
　　原料：乳液聚合的聚苯乙烯（PS）试样、聚丙烯（PP）/玻璃纤维复合材料和聚丙烯（PP）/聚酰胺（PA1010）聚合物合金。

四、 实验步骤

1. 样品的制备

　　为防止产生荷电现象及热损伤，对非导电材料必须进行表面镀导电层处理。常用的镀导电层方法有真空喷涂和离子溅射。本实验采用离子溅射镀金膜。

　　将烘干后的块状或片状的聚合物样品直接用导电胶固定在样品座上。粉状样品可用下法固定：取一块边长 5mm 的方形胶水纸，胶面朝上，再剪两条细的胶水纸把它固定在样品座上。取粉末样品少许均匀地撒在胶水纸上。在胶水纸周围涂以少许导电胶。待导电胶干燥后，将样品座放在离子溅射仪中进行表面镀金，表面镀金的样品即可置于电镜内进行观察。

2. 设备的启动

打开水源，接通电源，开启扫描电镜控制开关。待计算机启动后双击 KYKY-2800B 图标，启动 SEM 控制程序。点击鼠标右键出现程序控制画面（标题为主控制台）。点击"活动区域"，出现选区框，调整框的大小约 10cm×10cm。

3. 放置样品

（1）检查电子枪灯丝电流是否降到零，检查 V1（镜筒阀门）是否关严。

（2）按亮样品室进气按钮，样品室盖自动打开，慢慢拉出样品架，将要观察的样品台插入样品台支座，用钟表螺丝刀拧紧样品台固定螺丝。然后将样品架推入，封闭样品室。

（3）按灭样品室进气按钮，真空指示灯熄灭，真空指示屏亮线指示到最右边，系统真空达到要求。

4. 观察样品

（1）按控制柜前面板的对比度按钮，调节聚焦手动旋钮（manual adjustment），使对比度值在 160 左右。

（2）按控制柜前面板的亮度按钮，调节聚焦手动旋钮，使亮度在 -15 左右。

（3）按加速电压按钮（acceleration potential），使电压达到 25kV，然后慢慢旋动灯丝电流旋钮，按控制柜前面板的亮度按钮，调节聚焦手动旋钮（filament），使灯丝电流达到饱和。

（4）在活动选区看到图像后，改变放大倍数，调焦使图像达到最清晰。当达到所要求的放大倍数时，通过调节样品室盖子上的位移旋动钮（X、Y、Z 及旋转），移动样品，找到所要观察的特征部位。按上述方法调整聚焦。

（5）调节好聚焦后，点击计算机屏幕上的"主控制台"的常规扫描，屏幕出现整个图像，若图像符合要求，点击"主控制台"的模拟键，开始记录图像，同时屏幕左边会出现一个表示照片扫描进度的蓝色粗线条，当蓝色线条一直伸长时，图像即采集完毕。

（6）点击"主控制台"的主窗口键，出现控制程序主窗口，点击"主控制台"的快照键，在控制程序主窗口出现图像，点击控制程序主窗口文件下拉菜单，找到保存或另存为菜单，将图像存到选定的文件夹即可。

（7）按照与进样相反的顺序取出样品。

5. 关机

按仪器操作说明分步关闭各部开关，最后关闭电源。

五、 数据处理

用 KYKY-2800B 软件处理图像。

六、 思考题

1. 扫描电镜与透射电镜在仪器构造、成像机理及用途上有什么不同？
2. 分析扫描电镜所得到的聚合物样品形态图。

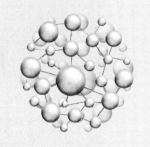

第三部分

高分子材料成型加工实验

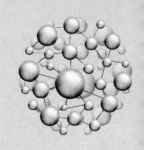

实验一

热塑性塑料熔体流动速率的测定

聚合物流动性即可塑性是一个重要的加工性能指标，它对聚合物材料的成型和加工有重要意义，同时又是高分子材料应用和开发的重要依据。

大多数热塑性树脂材料都可以用它的熔体流动速率来表示其黏流态时的流动性能，熔体流动速率是指在一定温度和负荷下，聚合物熔体 10min 通过标准口模的质量，通常用英文缩写 MFR（Melt Flow Rate）表示。在相同的条件下，单位时间内流出量越大，熔体流动速率就越大，这对材料的选用和成型工艺的确定有重要实用价值。但是有一些热塑性塑料是不能用熔体流动速率来表示的。例如聚四氟乙烯和聚氯乙烯，前者在熔融态没有宏观流动，后者则是热敏性塑料，其分解温度低于流动温度，不能在熔融态测定其流动性能。聚氯乙烯通常用其 1% 的二氯乙烷溶液的绝对黏度来表征其流动性能，同时作为加工条件及应用的选择依据。

热固性树脂通常是含有反应基团的低聚物，合成树脂厂通常用黏度或滴落温度来衡量其流动性和分子量的大小，黏度越低流动性就越好，并由此作为加工成型与应用的依据。热固性树脂受热时有一个流动温度区间，在这个区间内，温度越高黏度越低，但是树脂的交联固化会加快因而对加工不利。而流动性太好也会导致溢料或者填料与树脂接头处存在缺陷，影响成型过程和产品质量。热固性塑料的流动性通常用拉西格流程法测定。其原理是在一定温度、压力和压制时间内，一定量热固性塑料经拉西格流动模型压制成型后，测量物料在模型内棱柱体流槽中所得的杆状试样长度（mm），杆状试样越长流动性越好，反之越差。

一、 实验目的

1. 了解热塑性聚合物熔体流动速率的实质和测定意义。
2. 学习掌握 ZRZ1452 型熔体流动速率测定仪的使用方法。
3. 测定商品树脂的熔体流动速率。

二、 实验原理

本实验要求测定聚丙烯树脂的熔体流动速率。

聚丙烯是常用的热塑性树脂。在热塑性塑料成型和合成纤维纺丝的加工过程中，熔体流动速率 MFR 是一个衡量流动性能的重要指标。对于一定结构的同种树脂熔体，MFR 越大，熔体流动性就越大，说明其平均分子量就越低，反之分子量就越大；对于分子量相同的树脂，MFR 则是一个比较分子量分布的手段。

高聚物流动性的好坏是高分子材料加工时必须考虑的，不同的用途和不同的加工方法，对聚合物的熔体流动速率有不同的要求，比如注射成型所选用的聚合物熔体流动速率较高，挤出成型用的聚合物熔体流动速率较低，吹塑成型的介于两者之间。

测定不同结构的树脂熔体的 MFR，所选择的温度、负荷压强、试样用量和取样时间各不相同。我国目前常采用的标准如表 3-1 所示（共混、共聚等改性的树脂试样可参照同类近似条件选用）。

熔体流动速率是在给定的剪切应力下测得的，不存在广泛的应力-应变关系，不能用来研究黏度与温度、剪切速率的依赖关系，只能用来比较同类结构的高聚物的分子量和熔体黏度的相对值。

三、 实验设备及原料

1. ZRZ1452 熔体流动速率仪

技术参数：

砝码质量　　325g、2160g、5000g

料筒尺寸　　$\phi(9.55\pm0.02)\text{mm}\times160\text{mm}$

活塞杆重量　　$(160\pm0.2)\text{g}$

出料口尺寸　　$\phi(2.095\pm0.005)\text{mm}\times(8.000\pm0.025)\text{mm}$

温度波动≤0.2℃，温差≤1℃

ZRZ1452 熔体流动速率仪由挤出系统和加热温控系统组成。实物图如图 3-1 所示。挤出系统包括料筒、压料杆、出料口和砝码等部件。温度控制系统由加热炉体、控制电路和温度显示部分组成。

其他实验设备还有天平、秒表等。

图 3-1　熔体流动速率仪

2. 原材料

本实验所用原材料为聚丙烯（PP）粒料。其他常用的树脂及其使用条件见表 3-1 和表 3-2。

表 3-1　常用的树脂测量 MFR 的标准条件

树脂	实验温度/℃	负荷/g	负荷压强/MPa
PE	190	2160	0.304
PP	230	2160	0.304
PS	190	5000	0.703
PC	300	1200	0.169
POM	190	2160	0.304
ABS	200	5000	0.703
PA	230	2160	0.304
纤维素酯	190	2160	0.304
丙烯酸树脂	230	1200	0.169

表 3-2　试样用量与取样时间

MFR/(g/10min)	试样量/g	取样时间/s
0.1～0.5	3～4	240
0.5～1.0	3～4	120
1.0～3.5	4～5	60
3.5～10.0	6～8	30
10.0～25.0	6～8	10

四、 实验步骤

（1）仪器安放平稳，调节水平，以活塞杆可在料筒内自然落下为准。

（2）开启电源，将调温旋钮设定至 230℃，并开始升温。

（3）当实际温度达到设定值后，恒温 5min，然后按照被测 PP 物料的牌号确定称取物料的质量。

（4）将压料杆取出，将物料加入料筒并压实，最后固定好套件，开始计时。

（5）等加入时间到 6～8min 后，按照表 3-1 在压料杆顶部加上选定的砝码（本实验 PP 为 2160g），熔融的试样即从出料口挤出，开始挤出的 15 cm 长度可能含有气泡，将该部分切除后开始计时。

（6）按照表 3-2 选定时间和样品用量，样品数量不少于 5 个，含有气泡的料段应弃去。

（7）每种树脂试样都应平行测定两次，从取样数据中分别求出其 MFR 值，以算术平均值作为该试样的 MFR 值。若两次测定差距较大或同一次各段重量差距明显应找出原因。

（8）实验完毕后，将剩余物料挤出，将料筒和压料杆趁热用软布清理干净，保证各部分无树脂熔体黏附。

五、 数据处理

将每次测试所取的各段物料，选 5 个无气泡料段分别用分析天平称量，然后按照下式计算熔体流动速率：

$$MFR = \frac{W \times 600}{t} (g/10min)$$

式中　W——5 个切割段的平均重量，g；

　　　t——取样时间间隔，s。

分析实验过程切割段的颜色、有无气泡等现象与实验结果和实验方法的关系。

六、 注意事项

（1）料筒压料杆和出料口等部位尺寸精密，光洁度高，故实验要谨慎，防止碰撞变形和清洗时使材料过硬损伤。

（2）实验和清洗是要带双层手套，防止烫伤。

（3）实验结束挤出余料时，要轻缓用力，切忌以强力施加，以免仪器损伤。

七、思考题

1. 测定 MFR 的实际意义有哪些？
2. 可否直接挤出 10min 时的熔体重量作为 MFR 值？为什么？

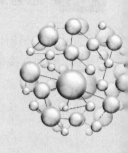

实验二

PVC 成型物料的配制及成型

聚氯乙烯（PVC）是应用很广泛的通用树脂之一，单纯的 PVC 树脂是较刚硬的原料，其熔体黏度大，流动性差，虽具有一般非晶态线形聚合物的热力学状态，但 $T_g \sim T_f$ 范围窄，对热不稳定，在成型加工中会发生严重的降解，放出氯化氢气体、变色和黏附设备。因此在成型加工之前必须加入热稳定剂、加工改性剂、抗冲改性剂等多种助剂。压制硬 PVC 板材的生产包括下列工序：①混合：按一定配方称量 PVC 及各种组分，按一定的加料顺序，将各组分加入到高速混合机中进行混合；②双辊塑炼拉片：用双辊炼塑机将混合物料熔融混合塑化，得到组成均匀的成型用 PVC 片材；③压制：把 PVC 片材放入压制模具中，将模具放入平板压机中，预热、加压使 PVC 熔融塑化，然后冷却定型成硬质 PVC 板材。

一、 实验目的

1. 掌握热塑性聚氯乙烯塑料配方设计的基本知识。熟悉硬聚氯乙烯加工成型各个环节及其与制品质量的关系。

2. 了解高速混合机、双辊开放式炼塑机、平板压机等基本结构原理，学会这些设备的操作方法。

二、 实验原理

硬质 PVC 板材，可以制成透明的或不透明的两种类型。配方设计中主体成分是树脂和稳定剂，另外加入适量的润滑剂和其他添加剂，不加或加入少量增塑剂。

混合是利用对物料的加热和搅拌作用，使树脂粒子在吸收液体组分时，同时受到反复撕捏、剪切，形成能自由流动的粉状掺混物。塑炼是在黏流温度以上和较大的剪切作用下来回折叠、辊压物料，使各组分分散更趋均匀，同时驱出可能含有水分等挥发气体。PVC 混合物经塑炼后，可塑性得到很大改善，配方中各组分的独特性能和它们之间的"协同作用"将会得到更大发挥，这对下一步成型和制品的性能有非常重要的影响。因此，塑炼过程中与料温和剪切作用有关的工艺参数、设备物性（如辊温、辊距、辊速、时间）以及操作的熟练程度都是影响塑炼效果的重要因素。

三、 实验设备及原料

1. 原材料

（1）树脂及改性剂　　为了配制透明和不透明两种类型的板材，按 PVC 树脂的加工性和硬板的一般用途，选用分子量适当、颗粒度大小分布较窄的悬浮聚合松型树脂为宜。这类树脂含杂质少、流动性较好、有较高的热变形温度和耐化学稳定性，成本也较低廉。由于硬质 PVC 塑料制品冲击强度低，在板材配方中加入一定量的改性剂，如甲基丙烯酸甲酯-丁二烯-苯乙烯接枝共聚物（MBS）、丙烯腈-丁二烯-苯乙烯接枝共聚物（ABS）和氯化聚乙烯（CPE）等可弥补其不足。冲击改性剂的特点是：与 PVC 有较好的相容性，在 PVC 基质中分散均匀，形成似橡胶粒子相，如甲基丙烯酸甲酯-丁二烯-苯乙烯接枝共聚物（MBS）、丙烯腈-丁二烯-苯乙烯接枝共聚物（ABS）和丙烯酸酯类共聚物（ACR）或弹性网络（如CPE）。具有两相结构材料的透明性取决于两相的折射率是否接近。如两相折射率不相匹配，光线会在两相的界面产生散射，所得制品不透明。当抗冲改性剂粒子足够小时，也能使 PVC 硬板显示优良的透明性和冲击韧性。当然，PVC 配方中其他添加剂（如润滑剂、稳定剂、着色剂等）的类型与含量对折射率的匹配也有明显的影响，需全面考查调配，才能实现最佳透明效果。

（2）稳定剂　　为了防止或延缓 PVC 树脂在成型加工和使用过程中受光、热、氧的作用而降解，配方中必须加入适当类型和用量的稳定剂。常用的有：铅盐化合物、有机锡化合物、金属盐及其复合物等类型和用量的稳定剂。各类稳定剂的稳定效果除本身特性外，还受其他组分、加工条件影响。铅盐稳定剂成本低、光稳定作用与电性能良好，不存在被萃取、挥发或使硬板热变形温度下降等问题。但其密度大、有毒、透明性差，与含硫物质或与大气接触易受污染，仅适用于透明性、毒性和污染性不是主要要求的通用板材。从热稳定作用、初期色相性和加工性能来看，硫醇有机锡是最有效的稳定剂，它不仅能提供优良的透明性，同时还具有很好的相容性，在加工中不会出现金属表面沉析现象，不被硫化物污染。不过它的价格昂贵且有难闻的气味和耐候性较差的缺点，但与羧酸锡并用，可取长补短，是透明制品不可缺少的一类稳定剂。

单一的钡、钙金属盐（皂）稳定效果差，在长时间加热下会出现严重变色现象，一般都不单独使用。若将它们与另一种金属盐（如锌、镉等）适当配合，混合的金属盐则产生"协同效应"，表现出明显的增效作用。此外，在钙、锌混合金属盐中加入环氧大豆油，可作无毒稳定剂；钡、镉皂与环氧油并用，不仅能改善热稳定性，而且能显著地提高耐候性。除此之外，在 PVC 硬板的配方中，为了降低熔体黏度，减少塑料对加工设备的黏附和硬质组分对设备的磨损，应适量加入润滑剂。选用润滑剂时，除考虑必要的相容性外，还应有一定的热稳定性和化学惰性，在金属表面不残留分解物，能赋予制品以好的外观，不影响制品的色泽和其他性能。硬质 PVC 板材的基本配方如表 3-3 所示。

表 3-3　硬质 PVC 板材的基本配方　　　　　　　　　　　　　单位：g

原料	品　种	
	普通板材	透明板材
聚氯乙烯树脂（PVC）	100	100
邻苯二甲酸二辛酯（DOP）	4～6	5～7
甲基丙烯酸甲酯-丁二烯-苯乙烯接枝共聚物（MBS）		2～4
三碱式硫酸铅	5～6	
硫醇有机锡		2～3
硬脂酸钡（BaSt）	1.5	
硬脂酸钙（CaSt）	1.0	0.2
硬脂酸锌（ZnSt）		0.1
环氧化大豆油（ESO）		2～3
硬脂酸		0.3
碳酸钙（CaCO₃）	10	
液体石蜡	0.5～1.0	
色料	0.005～0.01	

2. 仪器设备

双辊开炼机 1 台，如图 3-2 所示

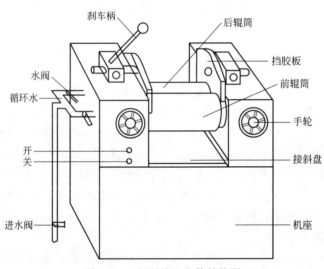

图 3-2　双辊开炼机主体结构图

250kN 电热平板硫化机（350mm×350mm）1 台，如图 3-3 所示

高速混合机　1 台，如图 3-4 所示

不锈钢模板　1 副

浅搪瓷盘　1 个

水银温度计（0～250℃）　2 支

表面温度计（0～250℃）　1 支

天平（感量 0.1g）　1 台

万能制样机 1 台

测厚仪或游标卡尺 1 件

炼胶刀（铜质）、棕刷、手套、剪刀等实验用具

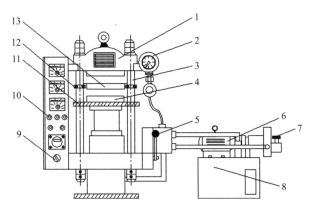

图 3-3 平板硫化机主体结构示意图

1—上机座；2—压力表；3—柱轴；4—下平板；5—操作杆；6—油泵；7—调压阀；
8—工作液缸；9—开关；10—调温旋钮；11—升降平板；12—限位装置；13—活动平板

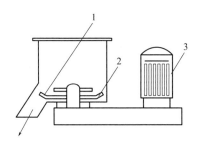

图 3-4 高速混合机结构图
1—刮刀；2—叶轮；3—电动机

四、 实验步骤

1. 粉料配制

（1）以 PVC 树脂 100g 为基准，按表 3-3 的配方在天平上称量各添加剂质量，经研磨、磁选后依次放入配料瓷盘中。

（2）熟悉混合操作规程。先将 PVC 树脂稳定剂等干粉组分加入高速混合机中，盖上加料盖，并拧紧螺栓，开动搅拌 1～2min，停止搅拌，打开加料盖，缓慢加入增塑剂等液体组分，此时物料混合温度不超 60℃。然后加盖，继续搅拌 3min 左右，当物料混合温度自动升温至 90～100℃时，即添加剂已均匀分散吸附在 PVC 颗粒表面，固体润滑也基本熔化时，换转速至低速，打开放料闸门，将混合粉料放入浅搪瓷盘中待用，并将混合机中的残剩物料清除干净。

2. 塑炼拉片

（1）按照双辊炼塑机操作规程，利用加热、控温装置将前辊筒预热至（165±5）℃，后

辊筒低 5～10℃，恒温 10min 后，开启开放式炼塑机，调节辊间距为 2～3mm。

（2）在辊隙上部加上初混物料，操作开始后从两辊间隙掉下的物料立即再加往辊隙中，不要让物料在辊隙下方的搪瓷盘内停留时间过长，且注意经常保持一定的辊隙存料。待混合料已黏接成包辊的连续带状后，适当放宽辊隙以控制料温和料带的厚度。

（3）塑炼过程中，用切割装置或铜刀不断地将料带从辊筒上拉下来折叠辊压，或者把物料翻过来沿辊筒轴向不同的料团折叠交叉再送入辊隙中，使各组分充分地分散，塑化均匀。

（4）辊压 6～8min 后，再将辊距调至 2～3mm 进行薄通 1～2 次，若观察物料色泽已均匀、截面上不显毛粒、表面光泽且有一定强度时，结束辊压过程。将辊距调宽，迅速将塑炼好的料带整片剥下，按压模板框尺寸折叠、剪裁成片坯，平整放置。也可以在出片后放置平整，冷却后上切粒机切削成 2mm×3mm×4mm 左右的粒子，即为硬 PVC 塑料。

3. 压制成型

（1）按照平板压机操作规程，检查压机各部分的运转、加热和冷却情况并调节到工作状况，利用压机的加热和控温装置将压机上、下模板加热至（180±5）℃。由压模板尺寸、PVC 板材的模压压强（1.5～2.0MPa）和压力成型机的技术参数，按相应的公式计算出油表压力 p（表压）。

（2）把裁剪好的片坯重叠在不锈钢模板中间，放入压机平板中间。启动压机，使已加热的压机上、下模板与装有叠合板坯的模具相接触（此时模具处于未受压状态），预热板坯约 10min。然后闭模加压至所需表压，当物料温度稳定到（180±5）℃时，可适当降低一点压力以免塑料过多地溢出。

（3）保温、保压约 3min 后，去除压机压力，取出模板放于平整表面，上面再加重物防止变形，待模具温度降至 80℃以下直至板材充分固化后，方能解除压力，取出模具脱模修边得到 PVC 板材制品。

（4）改变配方或改变配制成型工艺条件，重复上述操作过程进行下一轮实验，可制得不同性能的 PVC 板材。

4. 机械加工制备试样

将已制备得的透明或不透明 PVC 板材，在万能制样机上切取试样，试样数量纵、横各不少于 4 个，以原厚为试样厚度，按将进行的性能测试标准制成试样。

五、 数据处理

1. 计算平板压机表压 p：

$$p = \frac{p_0 A \times p_{\max}}{N_{机} \times 10^3}$$

式中　p——压机油压机表读数，MPa；

　　p_0——模压压强，MPa；

　　A——模具投影面积，cm^2；

　　$N_{机}$——压机公称吨位，MPa；

　　$p_{\max}$——压机公称吨位，t。

2. 配制、成型工艺参数和板材外观记录于表 3-4 中。

表 3-4　配制、成型工艺参数和板材外观记录表

配方编号	粉料混合		辊压		压制				
	温度/℃	时间/min	温度/℃	时间/min	模板温度/℃		表压/MPa	时间/min	模板压强/MPa
					上板	下板			
1									
2									
3									
4									
5									

六、注意事项

（1）开启机器前要仔细阅读说明书。

（2）聚氯乙烯高温易分解释放出有毒性的 HCl 气体，要注意防护。

（3）如出现任何问题，可按紧急停车，并检查、排除故障。

七、思考题

1. PVC 配方中各组分的作用是什么？透明和不透明配方的区别是什么？

2. 试考虑除本实验所选工艺路线外，PVC 板材的制造还可采用哪些工艺路线？比较其优缺点。

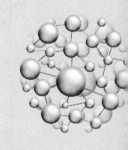

实验三

天然橡胶的硫化成型实验

生胶是橡胶弹性体，属线形高分子化合物。高弹性是它最宝贵的性能，但是过分的强韧高弹性会给成型加工带来很大的困难，而且成型的制品也没有实用的价值。因此，它必须通过一定的加工程序，才能成为有使用价值的材料。

塑炼和混炼是橡胶加工的两个重要的工艺过程，通称炼胶，其目的是要取得具有柔软可塑性、并赋予一定使用性能的、可用于成型的胶料。

生胶的分子量通常都是很高的，从几十万到百万以上。过高的分子量带来的强韧高弹性给加工带来很大的困难，必须使之成为柔软可塑状态才能与其他配合剂均匀混合，这就需要进行塑炼。塑炼可以通过机械的、物理的或化学的方法来完成。机械法是依靠机械剪切力以及空气中的氧化作用使生胶大分子降解到某种程度，从而使生胶弹性下降而可塑性得到提高，目前此法最为常用。物理法是在生胶中充入相容性好的软化剂，以削弱生胶大分子的分子间力而提高其可塑性，目前以充油丁苯橡胶用得比较多。化学塑炼则是加入某些塑解剂，促进生胶大分子的降解，通常是在机械塑炼的同时进行的。

一、 实验目的

1. 掌握橡胶制品配方设计的基本知识和橡胶模塑硫化工艺。
2. 熟悉橡胶加工设备（如开炼机、平板硫化机等）及其基本结构，掌握这些设备的操作方法。

二、 实验原理

本实验是天然橡胶的加工，选用开炼机进行机械法塑炼。天然生胶置于开炼机的两个相向转动的辊筒间隙中，在常温（小于 50℃）下反复被机械作用，受力降解；与此同时降解后的大分子自由基在空气的氧化作用下，发生了一系列力学变化与化学反应，通过控制最终可以达到一定的可塑度，生胶从原先的强韧高弹性变为柔软可塑性，满足混炼的要求。塑炼的程度和塑炼的效率主要与辊筒的间隙和温度有关，若间隙愈小、温度愈低，力化学作用愈大，塑炼效率愈高。此外，塑炼的时间，塑炼工艺操作方法及是否加入塑解剂也影响塑炼的效果。

生胶塑炼的程度是以塑炼胶的可塑度来衡量的，塑炼过程中可取样测量，不同的制品要求具有不同的可塑度，应该严格控制，过度塑炼是有害的。

混炼是在塑炼胶的基础上进行的又一个炼胶工序。本实验也是在开炼机上进行的。为了取得具有一定的可塑度且性能均匀的混炼胶，除了控制辊距的大小，适宜的辊温（小于90℃）之外，必须注意按一定的加料混合程序进行。即量小难分散的配合剂首先加到塑炼胶中，让它有较长的时间分散；量大的配合剂则后加。硫黄用量虽少，但应最后加入，因为硫黄一旦加入，便可能发生硫化效应，过长的混合时间将使胶料的工艺性能变坏，于其后的半成品成型及硫化工序都不利。不同的制品及不同的成型工艺要求混炼胶的可塑度、硬度等都是不同的。

当配方中的硫黄含量在5g（母料为100g）之内，交联度不很大，所得制品柔软；选用两种促进剂对天然胶的硫化都有促进作用，不同的促进剂协同使用，是因为它们的活性强弱及活性温度有所不同，在硫化时将促进交联作用更加协调、充分显示促进效果；助促进剂即活性剂在炼胶和硫化时起活化作用；防老剂多为抗氧剂，用来防止橡胶大分子因加工及其后的应用过程的氧化降解，以达到稳定的目的；石蜡与大多数橡胶的相容性不良，能集结于制品表面起到滤光阻氧等防老化效果，并且对于加工成型有润滑性能；碳酸钙作为填充剂有增容及降低成本的作用，其用量多少将影响制品的硬度。

天然软质硫化胶片，其成型方法采用模压法，通常又称为模型硫化。它是一定量的混炼胶置于模具的型腔内，通过平板硫化机在一定的温度和压力下成型，同时经历一定的时间发生适当的交联反应，最终取得制品的过程。天然橡胶是异戊二烯的聚合物，硫化反应主要发生在大分子间的双键上。其机理如下：在适当的温度，特别是达到了促进剂的活性温度时，由于活性剂的活化及促进剂的分解形成游离基，促使硫黄成为活性硫，同时聚异戊二烯主链上的双键打开形成橡胶大分子自由基，活性硫原子作为交联键桥使橡胶大分子间交联起来而成立体网状结构。双键处的交联程度与交联剂硫黄的用量有关。硫化胶作为立体网状结构并非橡胶大分子所有的双键处都发生了交联，交联度与硫黄的量基本上是呈正比关系的。所得的硫化胶制品实际上是松散的、不完全的交联结构。成型时施加一定的压力既有利于活性点的接近和碰撞，促进交联反应的进行，也利于胶料的流动。硫化过程须保持一定的时间，以保证交联反应达到配方设计所要求的程度。硫化过后，不必冷却即可脱模，模具内的胶料已交联定型为橡胶制品。

三、　实验设备及原料

1. 原料

天然橡胶（NR）　100.0（W_t）g

硫黄　2.2g

促进剂 CZ　1.1g

促进剂 DM　0.3g

硬脂酸　2.2g

氧化锌　4.0g

轻质碳酸钙　35.1g

石蜡　1.1g

防老剂 4010-NA　1.2g

着色剂　0.2g

2. 仪器设备

双辊筒炼胶机（SK-160/6 寸型）　1 台

平板硫化机（CH-0107）　1 台

模板　1 副

天平（精度 0.001g）　1 台

铜铲、手套、剪刀等用具

四、 实验步骤

1. 配料

按上述所列的配方准备原材料，准确称量并复核备用。

2. 生胶塑炼

（1）开动双辊炼胶机，观察机器是否正常运转。

（2）破胶。将生胶块依次连续投入两辊之间。

（3）薄通。胶块破碎后，将辊距调至 1mm，辊温控制在 45℃左右。将胶片折叠重新投入到辊筒的间隙中，继续薄通到规定的薄通次数为止。

（4）捣胶。胶片包辊后，手握割刀从左向右割至近右边边缘（不要割断），再向下割，使胶料落在接料盘上，直到辊筒上的堆积胶将消失时才停止割刀。割落的胶随着辊筒上的余胶带入辊筒的右方，然后再从右向左方向同样割胶。反复操作 5 次。

（5）冷却。适当通入冷却水，使辊温不超过 50℃。

（6）经塑炼的生胶称塑炼胶，塑炼过程要取样作可塑度试验，达到所需塑炼程度时为止。

3. 胶料混炼

（1）包辊。塑炼胶置于辊缝间，调整辊距使塑炼胶既包辊又能在辊缝上部有适当的堆积胶，然后准备加入配合剂。

（2）吃粉。不同配合剂分别加入的顺序：软化剂、促进剂、防老剂、硬脂酸、氧化锌、补强剂、填充剂、软化剂、硫黄。

4. 翻炼

全部配合剂加入后，将辊距调至 0.5～1.0mm，用打三角包、打卷或折叠及走刀法等进行翻炼至符合可塑度要求为止。

5. 胶料模型硫化

胶料模型硫化是在平板硫化机上进行的，具体操作如下。

（1）混炼胶试样的准备：将混炼胶裁剪成一定的尺寸备用。

（2）模具预热。

（3）加料模压硫化。

（4）冷却。

五、 结果分析

分析实验过程中橡胶的颜色、过硫化等现象与实验结果和实验方法的关系。

六、 注意事项

（1）在开炼机上操作必须按操作规程进行，要求高度集中注意力。

（2）割刀时必须在辊筒的水平中心线以下部位操作。

（3）禁止戴手套操作。辊筒运转时，手不能接近辊缝处；双手尽量避免越过辊筒水平中心线上部，送料时手应作握拳状。

（4）遇到危险时应立即触动安全刹车。

七、 思考题

1. 天然生胶、塑炼胶、混炼胶和硫化胶，它们的机械性能和结构实质有何不同？

2. 影响天然胶塑炼和混炼的主要因素有哪些？

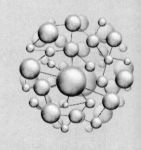

实验四

热塑性塑料的共混和挤出造粒

在热塑性塑料制品的生产过程中，自聚合反应至成型加工前，一般都要经过一个配料混炼环节，以达到改善其使用性能或降低成本等目的。比如色母料的生产、填料的加入和增强、增韧、阻燃性能的改性塑料生产。传统方法是用开炼机和密炼机生产，但是效率低下，不能满足生产提高的需要，随后便产生了单螺杆挤出机，继而发展了双螺杆挤出机。双螺杆挤出机具有塑化能力强、挤出效率高、耗能低、混炼效果好、自清洁能力强等优点，吸引了塑料行业的注意并取得了迅速发展。另外挤出机也是塑料生产应用最广泛的机器，使用不同的机头可以挤出不同的产品，如型材、片材、管材和挤出吹膜等。因而挤出机在塑料加工行业有其他机器无法替代的重要性。

双螺杆挤出机组的结构包括传动部分、挤压部分、加热冷却系统、电气与控制系统及机架等，其实物如图3-5所示。由于双螺杆挤出机物料输送原理和单螺杆挤出机不同，通常还有定量加料装置。鉴于同向双螺杆挤出机在塑料的填充、增强和共混改性方面的应用，为适应所加物料的特点及满足操作的需要，通常在料筒上都设有排气口及一个以上的侧加料口，同时把螺杆上承担输送、塑化、混合和混炼功能的螺纹制成可根据需要任意组合的块状元件，像糖葫芦一样套装在芯轴上，称为积木组合式螺杆。其整机也称为同向旋转积木组合式双螺杆挤出机。

图 3-5　双螺杆挤出机

一、实验目的

1. 理解双螺杆挤出机的基本工作原理，学习挤出机的操作方法。
2. 了解热塑性塑料共混原理和挤出的基本程序和参数设置原理。

二、 实验原理

本实验使用双螺杆挤出机挤出物料切粒，是生产色母料的工艺过程，如果在侧加料口或者将物料与颜料在捏合机中混合加料，挤出的产品则为色母料，另外如果换为其他机头即可用于生产各种相应截面的产品。

三、 实验设备及原料

1. 实验仪器及耗材

本实验所用设备为 SHJ-20 双螺杆挤出机及附属装置。如图 3-6 所示。

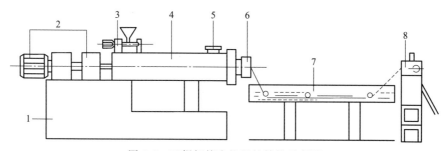

图 3-6　双螺杆挤出机组的结构示意图

1—机座；2—动力部分；3—加料装置；4—机筒；5—排气口；6—机头；7—冷却装置；8—切粒装置

剪刀　1 把
手套　1 副
切粒机　1 台
冷却水槽　1 个

2. 实验原料

实验原料为：低密度聚乙烯颗粒、聚丙烯颗粒等热塑性塑料。

四、 实验步骤

1. 实验前准备工作

（1）依照相关资料了解所使用材料的熔点和流动特性，设定挤出温度。
（2）将所加工材料用电热干燥。
（3）检查料斗，确认无异物。
（4）检查冷凝水连接是否正常。
（5）检查润滑油是否足量。

2. 实验过程

了解挤出塑料的熔体流动速率和熔点，初步设定挤出机各段、机头和口模的控温范围，同时拟定螺杆转速、加料速度、熔体压力、真空度、牵引速度及切粒速度等；检查挤出机各部分，确认设备正常，接通电源，加热，同时开启料座夹套水管。待各段预热到要求温度时，再次检查并趁热拧紧机头各部分螺栓等衔接处，保温 10min 以上；开启主机开关缓慢提高主机转速，同时观察主机电流是否过高，并在确认无异常后调节至设定值。打开加料开关，在转速下先加少量塑料，注意进料和电流计情况。待有熔料挤出后，将挤出物（戴上手套或用镊子）慢慢引上冷却牵引和风干装置，同时开动切粒机切粒并收集产物；待挤出平稳后，继续调节加料至设定转速，调整各部分，控制温度等工艺条件，维持正常操作；观察挤出料条形状和外观质量，记录挤出物均匀、光滑时的各段温度等工艺条件，记录一定时间内的挤出量，计算产率，重复加料，维持操作 1h。

3. 停机

将加料电机转速降为零，然后关闭加料电机。主机空转 1～2min，待熔体压力较低且没有物料挤出后，停主电机。最后关闭切粒装置和总电源。

五、 数据处理

（1）精确记录挤出机的各段设定温度。
（2）记录切粒机的转速。

六、 注意事项

（1）开启主电机前要保证润滑电机启动。
（2）停机时要将主电机和加料电机调速环降低到零位。
（3）如有异常可紧急停机，然后查明故障原因，开启机器前要仔细阅读说明书。

七、 思考题

如何调控热塑性塑料的挤出物胀大行为？

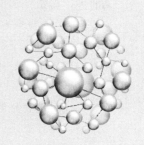

实验五

热塑性塑料的注射成型

注射成型适用于热塑性和热固性塑料，其中以热塑性塑料比较常用，是高聚物的一种重要的成型工艺。注射成型的设备是注射机和注塑模具。它使固体塑料在注射机的料筒内通过外部加热、机械剪切力和摩擦热等作用，熔化成流动状态，后经柱塞或移动螺杆以很高的压力和较快的速度，通过喷嘴注入闭合的模具中，经过一定的时间保压冷却固化后，脱模取出制品。

注射成型机一般有柱塞式和螺杆式两种，以后者为常用。不同类型的注射机的动作程序不完全相同，但塑料的注射成型原理及过程是相同的。热塑性塑料注射时，其模具温度比注射料温低，制品是通过冷却而定型的；热固性塑料注射时，其模具温度比注射料温高，制品在一定的温度下发生交联固化而定型。

一、 实验目的

1. 了解柱塞式和移动螺杆式注射机的结构特点及操作程序，掌握热塑性塑料注射成型的实验技能。

2. 了解注射成型工艺条件与注射制品质量的关系。

二、 实验原理

本实验是以聚丙烯为例，采用移动螺杆式注射机注射成型。下面是热塑性塑料注射成型的工艺原理。

1. 模具的闭合

合模是动模前移，快速闭合的过程。在与定模将要接触时，依靠合模系统自动切换成低压、低速，提供试合模压力，最后切换成高压将模具合紧。

2. 充模

模具闭合后，注射机机身前移使喷嘴与模具贴合。油压推动与油缸活塞杆相连接的螺杆前进，将螺杆头部前面已均匀塑化的物料以规定的压力和速率注射入模腔，直到熔体充满模腔为止。

螺杆作用于熔体的压力称为注射压力，螺杆移动的速度为注射速率。熔体充模顺利与否，取决于注射压力和速度、熔体的温度和模具的温度等。这些参数决定了熔体的黏度和流动特性。

注射压力是为了使熔体克服料筒、喷嘴、浇铸系统和模腔等处的阻力，以一定速度注射入模；一旦充满，模腔内压迅速到达最大值，充模速度则迅速下降。模腔内物料被压紧，符合成型制品的要求。注射压力过高或过低，会造成充模的过量或不足，将影响制品的外观质量和材料的大分子取向程度。注射速率影响熔体填充模腔时的流动状态。速度快，充模时间短，熔体温差小，制品密度均匀，熔接强度高，尺寸稳定性好，外观质量好；反之，若速度慢，充模时间长，由于熔体流动过程的剪切作用使大分子取向程度大，造成制品各向异性。

熔体充模的压力和速度的确定比较麻烦，要考虑原料、设备和模具等因素，要结合其他工艺条件通过分析制品外观，与实践相结合而决定。

3. 保压

熔体充模完全后，螺杆施加一定的压力、保持一定的时间。其目的是为了模腔内熔体冷却收缩时进行补塑，使制品脱模时不致缺料。保压时螺杆将向前稍作移动。

保压过程包括控制保压压力和保压时间，它们均影响制品的质量。保压压力可等于或低于充模压力，其大小以达到补塑增密为宜。保压时间以压力保持到浇口凝封时为好。若保压时间不足，模腔内的物料会倒流，制品缺料；若时间过长或压力过大，充模量过多，将使制品浇口附近的内应力增大，制品易开裂。

4. 冷却

保压时间到达后，模腔内熔体自由冷却到固化的过程称为冷却，其间需要控制冷却的温度和时间。

模具冷却温度的高低与塑料的结晶性、热性能、玻璃化转变温度、制品形状复杂程度及制品的使用要求等有关；此外，与其他的工艺条件也有关。模具的冷却温度不能高于高聚物的玻璃化转变温度或热变形温度。模温高，利于熔体在模腔内流动，于充模有利，而且能使塑料冷却速度均匀。同时还有利于大分子热运动和分子的松弛，可以减少摩擦壁面和形状复杂制品补塑不足、收缩不均和内应力大的缺陷。但模温高，生产周期长，脱模困难。对于聚丙烯等结晶型塑料，模温直接影响结晶度和晶体的构型。采用适宜的模温，晶体生长良好，结晶速率也较大，可减少成型后的结晶现象，也能改善收缩不均、结晶不良的现象。

冷却时间的长短与塑料的结晶性、玻璃化转变温度、比热容、导热率和模具温度等有关，应以制品在开模顶出时既有足够的刚度而不致变形为宜。冷却时间太长，生产率下降。

5. 塑料预塑化

制品冷却时，螺杆转动并后退，塑料进入料筒进行塑化并计量，为下一次注射作准备，此为塑料的预塑化。预塑化时，螺杆的后移速度决定于后移的各种阻力，如机械摩擦阻力及注射油缸内液压油的回泄阻力。塑料随螺杆旋转，塑化后向前堆积在料筒的前部，此时塑料熔体的压力称之为塑化压力。注射油缸内液压油回泄阻力，称为螺杆的背压。这两种压力增大时，塑料的塑化量都降低。

预塑化是要求得到定量的、均匀塑化的塑料熔体。塑化是靠料筒的外加热、摩擦热和剪切力等实现的，剪切作用与螺杆的背压和转速有关。

料筒温度高低与树脂的种类、配合剂、注射量与制品大小的比值、注射机类型、模具结构、喷嘴及模具的温度、注射压力和温度、螺杆的背压和转速，以及成型周期等很多因素都有关。料筒温度总是定在材料的熔点（软化点）与分解温度之间，而且通常是分段控制，各段之间的温差为 30～50℃。喷嘴加热可维持充模的物料有良好的流动性，喷嘴温度等于或略低于料筒的温度。过高的喷嘴温度，会出现流涎现象；过低也不适宜，会造成喷嘴的堵塞。

螺杆的背压会影响预塑化效果，提高背压，物料受到剪切的作用增加，熔体温度升高，塑化均匀较好，但塑化量降低。螺杆转速低可延长预塑化的时间。螺杆在较低背压和转速下塑化也有利于螺杆输送计量精确度的提高。对于热稳定性差或熔融黏度高的塑料应选择较低的转速；对于热稳定性好或熔体黏度低的则选择较低的背压。螺杆的背压一般为注射压力的5％～20％。

塑料的预塑化与模具内制品的冷却定型是同时进行的，但预塑时间必定小于制品的冷却时间。

热塑性塑料的注射成型，主要是一个物理过程，但高聚物在热和力的作用下难免发生某些化学变化。注射成型应选择合理的设备和模具设计，制订合理的工艺条件，以使化学变化减少到最小的程度。

三、实验设备及原料

1. 实验设备

本实验的设备主要有 SZ-63/40 型塑料注射成型机；注射模具；力学性能试样模具；温度计、秒表等。

SZ-63/40 型螺杆式塑料预塑注射成型机是通用型、全液压的，适用于热塑性塑料，是一台较小型的设备，其结构特点是卧式直列式，包括注射装置、锁模装置，液压传动系统和电路控制系统。如图 3-7 所示。注射装置是使塑料均匀塑化并以足够的压力和速度将一定量的塑料注射到模腔中。注射装置位于机器的右上部，由料筒、螺杆和喷嘴、加料斗、计量装置、驱动螺杆的液压马达、螺杆和底座的移动抽缸及电热线圈等组件构成。锁模装置是实现模具的开启与闭合以及脱出制品的装置，它位于机器的左上部，是全液压式、充液直压锁模

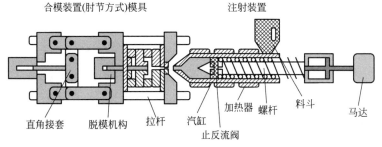

图 3-7　注射成型机结构图

机构，它由前模板、移动模板、后模板连接锁模油缸，大活塞、拉杆及顶出杆等部件组成。液压和电器控制系统能保证注射机按照工艺过程设定的要求和动作程序准确而有效地工作。液压系统由各种液压元件和回路及其附属设备组成。电器控制系统由各种电器仪表组成。

SZ-63/40 型塑料预塑注射成型机的技术参数：

螺杆直径	35mm
螺杆行程	80mm
螺杆转速	25～160r/min（无级变速）
注射压力	160MPa
最大注射量	每次 63mL
注射率	55g/s
塑化容量	30kg/h
锁模力	40kN
动模板行程	240mm
模板最大开距	420mm
允许模具厚度	90～240mm

2. 原料

本实验所用原料为聚丙烯树脂或 ABS 树脂。

四、 实验步骤

1. 准备工作

（1）阅读注射机使用说明书，了解机器的工作原理、安全要求及使用程序。

（2）了解原料的型号、成型工艺特点及制品（试样）的质量要求。参考有关产品的工艺条件介绍，初步拟订实验条件，如原料的干燥条件；料筒温度和喷嘴温度；螺杆转速、背压及加料量；注射速度、注射压力、保压压力和保压时间；模具温度和冷却时间；制品的后处理条件等。

（3）按实验设备操作规程的要求，做好注射机的检查、维护工作，并开机加热，按照要求设定各段温度。

（4）启动主机，用手动/低压开、合模操作，检查模具开启/闭合是否顺利。

2. 注射成型制备试样

（1）手动操作方式

① 在注射机显示屏温度值达到实验条件时，再恒温 30min，然后在料斗中加入塑料并进行预塑程序，慢速进行对空注射。观察从喷嘴流出的料条。如料条光滑明亮，无变色、银丝、气泡，说明原料质量及预塑程序的条件基本适用，可以制备试样。

② 依次进行下列手动操作程序：闭模—预塑—注射座前移—注射（充模）—保压—预塑/冷却—注射座后退—冷却定型—开模—顶出—开安全门—取出制件—关安全门。读出并记录注射压力（表值）、螺杆前进的距离和时间、保压压力（表值）、背压（表值）及驱动螺杆的液压力（表值）等数值。记录料筒温度、喷嘴温度、注射-保压时间、冷却时间和成型周期。

从取得的缺料制品观察熔体某一瞬间在矩形、圆形流道内的流速分布。通过制得试样的外观质量判断实验条件是否恰当，对不当的实验条件进行调整。

（2）半自动操作方式

在手动操作熟悉后，将注射机调节至半自动模式。关闭安全门时，注射机自动完成闭模—注射座前移—注射（充模）—保压—预塑/冷却定型—开模—顶出等一系列动作。操作者只需打开安全门取出制件即可，并在关安全门后随即进行下一个注射周期。在确定的实验条件下，连续稳定地制取 5 模以上作为第一组试样。然后依次变化下列工艺条件：如注射速度、注射压力、保压时间、冷却时间和料筒温度，观察各条件对制品质量的影响。

注意：实验时，每一次调节料筒温度后应有适当的恒温时间。

3. 实验记录

按 GB/T 1040.1—2006《塑料　拉伸性能的测定　第 1 部分：总则》标准，观察每组试样的外观质量，记录不同实验条件下试样外观质量变化的情况。

五、 数据处理

（1）写出实验用原料的工艺特性；纪录注射机与模具的技术参数。

（2）用表格列出各组试样注射工艺条件，分析试样外观质量与成型工艺条件的关系，简述其原因。

（3）取得的各组试样留作力学、热学性能测试。

六、 注意事项

（1）开启机器前要仔细阅读说明书。

（2）聚丙烯注射时温度较高，要注意防护。

七、 思考题

1. 在选择料筒温度、注射速度、保压压力、冷却时间的时候，应该考虑哪些问题？

2. 从聚丙烯树脂的化学结构、物理结构分析其成型工艺性能的特点。

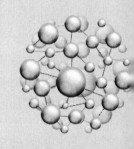

实验六

聚乙烯吹膜实验

塑料薄膜是一类重要的高分子材料制品。由于它具有质轻、强度高、平整、光洁和透明等优点，同时其加工容易、价格低廉，因而得到广泛的应用。

塑料薄膜可以用多种方法成型，如压延、流延、拉幅和吹塑等方法，各种方法的特点不同，适应性也不一样。压延法主要用于非晶型塑料加工，所需设备复杂，投资大，但生产效率高，产量大，薄膜的均匀性好。流延法主要也是用于非晶型塑料加工，工艺简单，所得薄膜透明度好，具各向同性，质量均匀，但强度较低，且耗费大量溶剂，成本增加，对环保不利。拉幅法主要适用于结晶型塑料，工艺简单，薄膜质量均匀，物理机械性能好，但设备投资大。吹塑法最为经济，工艺设备都比较简单，结晶和非晶型塑料都适用，既能生产窄幅，又能生产宽达10m的膜，吹塑过程塑料薄片的纵横向都得到拉伸取向，制品质量较高，因此应用最广泛。

吹塑成型也即挤出-吹胀成型，除了吹膜以外，还有中空容器成型。薄膜的吹塑是塑料从挤出机口模挤出成管坯引出，由管坯内芯棒中心孔引入压缩空气使管坯吹胀成膜管，后经空气冷却定型、牵引卷绕而成薄膜。吹塑薄膜通常分为平挤上吹、平挤平吹和平挤下吹等三种工艺，其原理都是相同的。薄膜的成型都包括挤出、初定型、定型、冷却牵伸、收卷和切割等过程。本实验是低密度聚乙烯的平挤上吹法成型，是目前最常见的工艺。

一、 实验目的

1. 了解单螺杆挤出机、吹膜机头及辅机的结构和工作原理。
2. 了解塑料的挤出吹胀成型原理；掌握聚乙烯吹膜工艺操作过程、各工艺参数的调节及成膜的影响因素。

二、 实验原理

塑料薄膜的吹塑成型是基于高聚物的分子量高、分子间力大而具有可塑性及成膜性能。

当塑料熔体通过挤出机机头的环形间隙口模和管坯后，因通入压缩空气而膨胀为膜管，而膜管被夹持向前的拉伸也促进了减薄作用。与此同时膜管的大分子则作纵、横向的取向作用，从而使薄膜的力学性能得到强化。

为了取得性能良好的薄膜，纵横向的拉伸作用应平衡，也就是纵向的拉伸比（牵引膜管向上的速度与口模处熔体的挤出速度之比）与横向的空气膨胀比（膜管的直径与口模直径之比）应尽量相等。实际上，操作时，吹胀比因受到冷却风环直径的限制，吹胀比可调节的范围是有限的，而且吹胀比又不宜过大，否则膜管不稳定。由此可见，拉伸比和吹胀比是很难一致的，也即薄膜的纵横向强度总是有差异的。

在吹塑过程中，塑料沿着螺杆向机头口模的挤出和成膜，经历着黏度、相变等一系列的变化，与这些变化有密切关系的是螺杆各段的温度、螺杆转速的稳定性，机头的压力、风环吹风及室内空气冷却以及吹入空气压力，膜管拉伸作用等，这些都直接影响薄膜性能的优劣和生产效率的高低。各主要影响因素如下：

（1）各段温度和机外冷却效果是最重要的因素。通常，沿机筒到机头口模方向，塑料的温度是逐步升高的，且要达到膜管直径稳定的控制。各部位温差对不同的塑料各不相同。本实验对低密度聚乙烯（LDPE）吹塑，原则上机身温度依次是130℃、150℃、170℃递增，机头口模处稍低些。熔体温度升高，黏度降低，机头压力减少，挤出流量增大，有利于提高产量。但若温度过高和螺杆转速过快，剪切作用过大，易使塑料分解，且出现膜管冷却不良，膜管的直径就难以稳定，将形成不稳定的膜泡"长颈"现象，所得泡（膜）管直径和壁厚不均，甚至影响操作的顺利进行。因此，通常是控制稍低一些的熔体挤出温度和速度。

（2）风环是对挤出膜管坯的冷却装置，位于离模管坯的四周。操作时可调节风量的大小控制管坯的冷却速度，上下移动风环的位置可以控制膜管的"冷冻线"。冷冻线于结晶型塑料即为相转变线，是熔体挤出后从无定形态到结晶态的转变。冷冻线位置的高低对于稳定膜管、控制薄膜的质量有直接的关系。对聚乙烯来说，当冷冻线低，即离口模很近时，熔体因快速冷冻而定型，所得薄膜表面质量不均，有粗糙面；粗糙程度随冷冻线远离口模而下降，对膜的均匀性是有利的。但若使冷冻线过远离口模，则会使薄膜的结晶度增大，透明度降低，且影响其横向的撕裂强度。冷却风环与口模距离一般是30～100mm。

若管膜的牵伸速率太大，单个风环是达不到冷却效果的，可以采用两个风环来冷却。风环和膜管内的冷却都强化，可以提高生产效率。膜管内的压缩空气除冷却作用外还有膨胀作用，气量太大时，膜管难以平衡，容易被吹破。实际上，当操作稳定后，膜管内的空气压力是稳定的，不必经常调节压缩空气的通入量。膜管的膨胀程度即吹胀比，一般控制在2～6之间。

（3）牵引也是调节膜厚的重要环节。牵引辊与挤出口模的中心位置必须对准，这样能防止薄膜卷绕时出现折皱现象。为了取得直径一致的膜管，膜管内的空气不能漏失，故要求牵引辊表面包覆橡胶，使膜管与牵引辊完全紧贴着向前进行卷绕。牵引比不宜太大，否则易拉断膜管，牵引比通常控制在4～6之间。

三、 实验设备及原料

1. 主要仪器设备

（1）SJ-20单螺杆挤出机。主要技术参数：

螺杆直径（D）   20mm

螺杆长径比（L/D）   20

螺杆转速（n）   12～120r/min

生产能力（Q）   (LDPE) 3.6kg/h

驱动电机（直流）   0.8kW   1500r/min

机筒加热（三段电阻加热器）每段 0.3kW，共 0.9kW

（2）芯棒式吹膜机头口模。

（3）冷却风环。

（4）牵引、卷取装置。

（5）空气压缩机。

（6）称量、测厚仪、实验工具等。

2. 原料

原料为低密度聚乙烯（LDPE，吹膜型）。

四、 实验步骤

（1）挤出机的运转和加热

① 螺杆转速控制。本机螺杆与电机之间，采用定比传动，无其他调变速装置。螺杆的转速稳定和升降取决于电动机转数的稳定和快慢。直流电动机调速是依靠桥式可控硅整流电路和触发电路来实现的。

② 温度控制。机筒分段进行加热和冷却的控制。每段分别设有电阻加热器及冷却风机。加热器及风机的接通和切断由三位手动转换开关控制。电阻加热器由动圈式温度指示调节仪自动控制。

（2）按照挤出机的操作规程，接通电源，开机预热。检查机器运转、加热和冷却是否正常。机头口模环形间隙中心要求严格调正。对机头各部分的衔接、螺栓等检查并趁热拧紧。根据实验原料 LDPE 的特性，初步拟定螺杆转速及各段加热温度，同时拟定其他操作工艺条件。LDPE 预热，最好放在 70℃ 左右的烘箱中预热 1～2h。

（3）当机器加热到预定值时，开机并在慢速下投入少量的 LDPE 粒子，同时注意电流表、压力表、温度计和扭矩值是否稳定。待熔体挤出成管坯后，观察壁厚是否均匀，调节口模间隙，使沿管坯周围的挤出速度相同，尽量使管膜厚度均匀。

（4）以手将挤出管坯慢慢向上沿牵引辊前进，辅机开动，通入压缩空气并观察泡管的外观质量。根据实际情况调整各种影响因素，如挤出流量、风环位置和风量、牵引速率、膜管内的压缩空气量等。

（5）观察泡管形状变化，冷冻线位置变化及膜管尺寸的变化等，待膜管的形状稳定、薄膜折径已达实验要求时，不再通入压缩空气，薄膜的卷绕正常进行。

（6）以手工卷绕代替绕辊工作，卷绕速度尽量不影响吹塑过程的顺利进行。裁剪手工卷绕 1min 时的薄膜成品，记录实验时的工艺条件；称量卷绕 1min 时成品的重量并测量其长度、折径及厚度公差。手工卷绕实验重复两次。

（7）实验完毕，逐步降低螺杆转速，挤出机内存料，趁热清理机头和衬套内的残留塑料。

五、数据处理

（1）试验前及实验过程中把设备的基本情况及操作工艺条件按下列表格形式做好记录。

设备基本情况

挤出机规格型号	螺杆长径比	机头连接形式	吹膜机头		空气压缩机规格	冷却风环内径/mm	卷取装置规格
			口模内径/mm	芯棒外径/mm			

挤出操作工艺条件

螺杆转速/(r/min)	机身温度/℃			机头温度/℃			风环与口模距离/mm	膜管压缩空气压力/kPa	牵引速度/(cm/s)
	后段	中段	前段	后	中	口模			

（2）通过计算求出实验过程的吹胀比、牵引比和薄膜的平均厚度等，分别填写在下表上。

结果计算

编号	薄膜厚度/mm	吹胀比	牵引比	产率
1				
2				
3				
4				

六、注意事项

（1）熔体被挤出前，操作者不得位于口模的正前方，以防意外受伤。操作时严防金属杂质和小工具落入挤出机筒内。操作时要戴手套。

（2）清理挤出机和口模时，只能用铜刀、棒或压缩空气，切忌损伤螺杆和口模的光洁表面。

（3）吹塑管坯的压缩空气压力要适当，即不能使管坯破裂，又能保证膜管的对称稳定。

（4）吹塑过程要密切注意各项工艺条件的稳定，不应该有所波动。

七、思考题

如何调控薄膜的吹胀比、牵引比和薄膜的平均厚度？

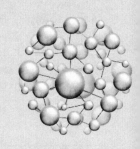

实验七

冲击性能测试

冲击试验是用来衡量塑料及其复合材料在经受高速冲击状态下的韧性或对断裂的抵抗能力的试验方法。对于研究高分子材料在经受冲击载荷时的力学行为有一定的实际意义。

一般冲击试验分以下三种：摆锤式冲击试验（包括简支梁型和悬臂梁型）；落球式冲击试验；高速拉伸冲击试验。

简支梁型冲击试验是用摆锤击打简支梁试样的中央；悬臂梁法则是用摆锤击打有缺口的悬臂梁试样的自由端。摆锤式冲击试验中试样破坏所需的能量实际上无法测定，试验所测得的除了产生裂缝所需的能量及使裂缝扩展到整个试样所需的能量以外，还要加上使材料发生永久变形的能量和把断裂的试样碎片抛出去的能量。把断裂试样碎片抛出的能量与材料的韧性完全无关，但它却占据了所测总能量中的一部分。试验证明，对同一跨度的试验，试样越厚，消耗在碎片抛出的能量越大，所以不同尺寸试样的试验结果不可相互比较。但由于摆锤式试验方法简单方便，所以在材料质量控制、筛选等方面使用较多。

落球式冲击试验是把球、标准的重锤或投掷枪由已知高度落在试棒或试片上，测定使试棒或试片恰好破裂所需能量的一种方法。这种方法与摆锤式试验相比表现出与实地试验很好的相关性。但缺点是如果想把某种材料与其他材料进行比较，或者需要改变重球质量或落下高度，均十分不方便。

一、 实验目的

1. 明确冲击韧性测试原理和测试方法。
2. 测定塑料冲击韧性。

二、 实验原理

评价材料的冲击强度最好的试验方法是高速应力-应变试验。应力-应变曲线下方的面积与使材料破坏所需的能量呈正比。如果试验是以相当高的速度进行，这个面积就与冲击强度相等。

试样类型和尺寸以及相对应的支撑线间的距离见表 3-5。试样的缺口类型和缺口尺寸见表 3-6。试样的优选类型为 1 型。优选的缺口类型为 A 型。

表 3-5 试样类型和尺寸以及相对应的支撑线间的距离 单位：mm

试样类型	长度 l		宽度 b		厚度 d		支撑线间距离 L
	基本尺寸	极限偏差	基本尺寸	极限偏差	基本尺寸	极限偏差	
1	80	±2	10	±0.5	4	±0.2	60
2	50	±1	6	±0.2	4	±0.2	40
3	120	±2	15	±0.5	10	±0.5	70
4	125	±2	13	±0.5	13	±0.5	95

表 3-6 缺口类型和缺口尺寸 单位：mm

试样类型	缺口类型	缺口剩余厚度 d_k	缺口底部圆弧半径 r		缺口宽度 n	
			基本尺寸	极限偏差	基本尺寸	极限偏差
1～4	A	0.8d	0.25	±0.05		
	B		1.0			
1,3	C	$\frac{2}{3}$d	≤0.1		2	±0.2
2	C				0.8	±0.1

注：A 型、B 型、C 型缺口的形状和尺寸见图 3-8。

试样的缺口类型和标准试样的冲击刀及支座尺寸见图 3-8 和图 3-9。

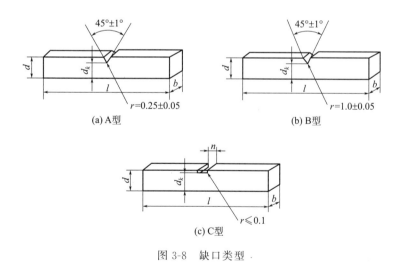

(a) A型   (b) B型

(c) C型

图 3-8 缺口类型

三、 实验设备及原料

1. 实验仪器

实验所用设备仪器为塑料摆锤冲击试验机（ZBC7000 系列）（图 3-10）；游标卡尺等。

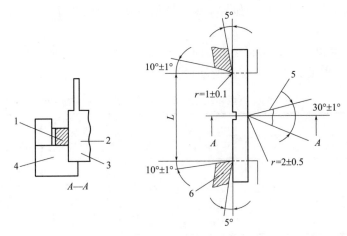

图 3-9　标准试样的冲击刀刃和支座尺寸

1—试样；2—冲击方向；3—冲击瞬间摆锤位置；4—下支座；5—冲击刀刃；6—支撑块

图 3-10　塑料摆锤冲击试验机

2. 实验原料

实验原料：聚丙烯、聚乙烯、玻璃钢等样条。

四、实验步骤

（1）选择合适的摆锤，使冲击断裂试样所消耗的冲击能落在满刻度的 $10\%\sim80\%$ 内，用标准跨距样板调节支架座跨距，根据实验机打击中心位置及试样尺寸决定是否在支座上加垫片。实验须经空载冲击调整读数盘的指针指向刻度的零点。

（2）选择 6 个合格试样并依次编号，在缺口试验机上按照表 3-5 的要求打出 V 形缺口，用游标卡尺测量缺口处的宽度和厚度，并详细记录。

（3）将合格试样带缺口的一面背对摆锤，用试样定位板来安放试样，使缺口中心对准冲击中心，进行冲击实验，记录冲断试样所消耗的功及破坏的形式，如有明显内部缺陷或破坏处不在缺口处的应予以作废。

五、　数据处理

冲击韧性按下式计算：

$$a_k = \frac{A}{bh}$$

式中　a_k——冲击韧性，J/cm^2；

　　　A——冲断试样所消耗能量，J；

　　　b——试样缺口处宽度，cm；

　　　h——试样缺口处厚度，cm。

六、　注意事项

（1）开启机器前要仔细阅读说明书。

（2）摆锤运动过程中，千万注意观察位置，勿离摆锤过近。

（3）冲击试验机一定要摆放平稳。

七、　思考题

1. 试比较三种冲击性能实验方法的特点。
2. 试比较 PP、PE、PMMA 样品的冲击韧性。

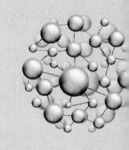

实验八

热固性树脂的模压成型

热固性塑料的模压成型是将缩聚反应到一定阶段的热固性树脂预聚物及其填充混合料置于成型温度下的压模型腔中，闭模施压，借助热和压力的作用，使物料熔融成可塑性流体而充满型腔，取得与型腔一致的形样，与此同时，带活性基团的树脂分子产生化学交联而形成网状结构，经一段时间保压固化后脱模，制得热固性塑料制品的过程。

一、实验目的

1. 了解模压成型热固性塑料的原理和工艺控制过程。

2. 加深理解塑料模塑粉配方以及模压成型工艺参数对热固性塑料模压制品性能及外观质量的影响。

3. 了解密胺粉中各组分的作用以及配方原理。

二、实验原理

在热固性塑料模压成型过程中，温度、压力和在压力下的持续时间是重要的工艺参数。它们之间即有各自的作用又相互制约，各工艺参数的基本作用和相互关系如下：

（1）模压温度　在其他工艺条件一定的情况下，热固性塑料模压过程中，温度不仅影响其流动状态而且决定成型过程中交联反应的速度。不同温度下的流量变化反映出聚合物交联、固化的进程。高温有利于缩短模压周期，改善制品的物理机械性能。但温度过高，熔体流动性会降低以致充模不满，或表面层过早固化而影响水分、挥发物的排除，这不仅降低制品的表观质量，在后模时还可能出现制品膨胀、开裂等不良现象。反之，模压温度过低，固化时间拖长，交联反应不完善也会影响制品质量，同样会出现制品表面灰暗、粘模和机械强度下降等问题。

（2）模压压力　模压压力的选择取决于塑料类型、制品结构、模压温度及物料是否预热诸因素。一般来讲,增大模压压力可增进塑料熔体的流动性、降低制品的成型收缩率、使制品更密实;压力过小会增加制品带气孔的机会。不过,在模压温度一定时,仅仅增大模压压力并不能保证制品内部不存在气泡,而且压力过高还会增加设备的功率消耗,影响模具的使用寿命。

(3)模压时间　指压模完全闭合至启模的时间,模压时间的长短也与塑料的类型、制品形状、厚度、模压工艺及操作过程密切相关。通常随制品厚度增大,模压时间相应增长。适当增长模压时间,可减少制品的变形和收缩率。采用预热、压片、排气等操作措施及提高模压温度都可缩短模压时间,从而提高生产效率。但是,倘若模压时间过短,固化未必完全,启模后制品易翘曲、变形或表面无光泽,甚至影响其力学性能。

三、　实验设备及原料

1. 实验原料

本实验的原料及配方见表 3-7。

表 3-7　热固性塑料模压粉配方

原料	厂家	质量分数/%
密胺粉	江苏泰州化工厂	90
罩光粉	江苏泰州化工厂	10

2. 实验仪器

实验仪器见表 3-8,主要实验设备为 QLB 型平板硫化机（见表 3-9）。本实验的实验参数见表 3-10。

表 3-8　实验仪器

名称	数量
称动式压模	一套
天平(精确度 0.1g)	一台
脱模器、铜刀、石棉手套	一套
公称吨位 200~500kN 油压机	一台

表 3-9　QLB 型平板硫化机主要技术参数

项目	规格
公称压力/kN	490
工作液最高压力/MPa	15
活塞杆直径/mm	250
热板规格/mm	400×400
最高使用温度/℃	300
温度分布	中心区域(320mm 范围内加热 60min,任两点温差≤±5℃)
热板单位面积压力/MPa	3

续表

项目	规格
工作台快速上升速度/(mm/s)	≥15
工作台慢速上升速度/(mm/s)	≤2
工作台下降速度/(mm/s)	≥10

表 3-10　实验参数

项目		数值
装料量/g		100
圆板直径/cm		15
保温保压时间/min		10
压力/MPa		10～15
成型温度/℃	上	155
	中	150
	下	150

四、 实验步骤

（1）接通压机电源，检查压机各部分的运转、加热情况是否良好，并调节到工作状态，按照设定温度预热一段时间，使压机各层温度升到实验要求值。

（2）称量 90g 密胺粉，10g 罩光粉，混合均匀，备用。

（3）对模具进行预热，将模具放入压机中，使上下两板刚好接触模具表面，不加压力，预热 5min，取出模具。

（4）将模塑粉装入模具中，平铺开来，使中间略高（由于树脂流动性不好，中间不能太高）并刚好充满模腔。

（5）盖上模具盖，上下两板刚好完全吻合，使整个模具处于密闭状态。

（6）将含有模塑粉的模具放入压机中，加压保温，10min 后取出。

（7）迅速开模，如不能顺利开模，可利用脱模器等协助开模。取出已经成型的制品。

五、 数据处理

（1）精确记录模压机的温度和压力。

（2）精确测量制品的厚度。

六、 注意事项

（1）开启机器前要仔细阅读说明书。

（2）设备温度较高，要注意防护。

七、▶ **思考题**

1. 热固性塑料模压过程中为什么要进行排气?
2. 模压过程与热塑性塑料的模压成型有何差别?

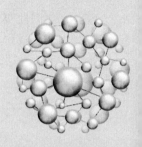

附录

表 1　常见聚合物名称和英文缩写

聚合物	英文缩写	聚合物	英文缩写
低密度聚乙烯	LDPE	聚甲醛	POM
高密度聚乙烯	HDPE	聚砜	PSF
聚丙烯	PP	聚异戊二烯	PIP
聚苯乙烯	PS	聚丙烯酰胺	PAM
聚氯乙烯	PVC	聚甲基丙烯酸甲酯	PMMA
聚四氟乙烯	PTFE	聚丙烯酸甲酯	PMA
聚乙烯醇	PVA	聚乙酸乙烯酯	PVAC
聚丁二烯	PBu	聚对苯二甲酸乙二醇酯	PET
聚丙烯腈	PAN	聚对苯二甲酰对苯二胺	PPTA
聚丙烯酸	PAA	聚对亚苯基苯并二噻唑	PBZT
聚异丁烯	PIB	聚对亚苯基苯并二噁唑	PBZO

表 2　聚合物的玻璃化转变温度（T_g）

聚合物	$T_g/℃$	聚合物	$T_g/℃$
线形聚乙烯	-68	聚甲醛	-83
全同聚丙烯	-10	聚氧化乙烯	-66
无规聚丙烯	-20	聚 1-丁烯	-25
顺式聚异戊二烯	-73	聚 1-戊烯	-40
反式聚异戊二烯	-60	聚 1-己烯	-50
聚乙烯咔唑	208	聚 1-辛烯	-65

聚合物	$T_g/℃$	聚合物	$T_g/℃$
聚二甲基硅氧烷	−123	聚甲基丙烯酸正丙酯	35
聚苯乙烯	100	聚甲基丙烯酸正丁酯	21
聚 α-甲基苯乙烯	192	聚甲基丙烯酸正己酯	−5
聚邻甲基苯乙烯	119	聚甲基丙烯酸正辛酯	−20
聚间甲基苯乙烯	72	聚氯乙烯	87
聚对甲基苯乙烯	110	聚氟乙烯	40
聚己二酸乙二酯	−70	聚碳酸酯	150
聚辛二酸丁二酯	−57	聚对苯二甲酸乙二酯	69
聚丙烯酸甲酯	3	聚对苯二甲酸丁二酯	40
聚丙烯酸	106	尼龙 6	50
无规聚甲基丙烯酸甲酯	105	尼龙 66	50
间同聚甲基丙烯酸甲酯	115	尼龙 610	40
全同聚甲基丙烯酸甲酯	45	聚苯醚	220
聚甲基丙烯酸乙酯	65	聚萘	264

表3 常用配制密度梯度管的轻液和重液

轻液-重液	密度范围/(g/cm³)	轻液-重液	密度范围/(g/cm³)
甲醇-苯甲醇	0.80～0.92	水-溴化钠水溶液	1.00～1.41
异丙醇-水	0.79～1.00	水-硝酸钙水溶液	1.00～1.60
乙醇-水	0.79～1.00	四氯化碳-二溴丙烷	1.59～1.99
异丙醇-缩乙二醇	0.79～1.11	二溴丙烷-二溴乙烷	1.99～2.18
乙醇-四氯化碳	0.79～1.59	二溴丙烷-溴仿	2.18～2.29
甲苯-四氯化碳	0.87～1.59		

表4 结晶性聚合物的密度

聚合物	$P_c/(g/cm³)$	$P_a/(g/cm³)$
高密度聚乙烯	1.00	0.85
聚丙烯	0.95	0.85
聚苯乙烯	1.13	1.05
聚甲醛	1.54	1.25
聚四氟乙烯	2.35	2.00
尼龙 6	1.23	1.08
尼龙 66	1.24	1.07
尼龙 610	1.19	1.04
聚对苯二甲酸乙二酯	1.46	1.33

聚合物	$P_c/(g/cm^3)$	$P_a/(g/cm^3)$
聚碳酸酯	1.31	1.20
聚甲基丙烯酸甲酯	1.23	1.17
聚乙烯醇	1.35	1.26
聚偏氟乙烯	2.00	1.74
聚乙炔	1.15	1.00
聚异丁烯	0.94	0.86

表 5　结晶聚合物的熔点（T_m）

聚合物	$T_m/℃$	聚合物	$T_m/℃$
聚乙烯	146	聚四氟乙烯	327
聚丙烯(等规)	200	聚氧化乙烯	80
聚 1-丁烯(等规)	138	聚四氢呋喃	57
聚 1-戊烯(等规)	130	聚乙二酸癸二酯	79.5
顺式聚 1,4-异戊二烯	28	聚癸二酸乙二酯	76
反式聚 1,4-异戊二烯	74	聚癸二酸癸二酯	80
顺式聚 1,4-丁二烯	11.5	聚 ε-己内酯	64
反式聚 1,4-丁二烯	142	聚 β-丙内酯	−5
聚苯乙烯(等规)	243	聚己内酰胺	270
聚氯乙烯(等规)	212	聚己二酰己二胺	280
聚偏氯乙烯	198	聚辛内酰胺	218
聚偏氟乙烯	210	聚癸二酰癸二胺	216
聚四氟乙烯	327	聚对苯二甲酸乙二酯	280
聚苯乙烯	100	聚对苯二甲酸丁二酯	230
聚异丁烯	128	聚对苯二甲酸癸二酯	138
聚甲醛	180	聚双酸酯	295

表 6　纤维性能

纤维材料	抗拉模量/GPa	抗拉强度/GPa	密度/(g/cm³)
钢	200	2.8	7.8
铝合金	71	0.6	2.7
钛合金	106	1.2	4.5
氧化铝	350～380	1.7	4.5
碳化硅	200	2.8	2.8
芳香聚酰胺 Kevlar 49	125	3.5	1.45
芳香聚酰胺 Kevlar 149	185	3.4	1.47
聚对苯苯并二噻唑	325	4.1	1.58

纤维材料	抗拉模量/GPa	抗拉强度/GPa	密度/(g/cm³)
聚对苯苯并二	360	5.7	1.58
伸直链聚乙烯纤维1000	172	3.0	1.0
芳香族共聚聚酰胺	70	3.0	1.39
尼龙	6	1.0	1.14
纺织用聚对苯二甲酸乙二醇酯	12	1.2	1.39

表7 高分子-溶剂分子相互作用参数（χ_1）

高分子	溶剂	温度/℃	χ_1
聚异丁烯	苯	27	0.50
	环己烷	27	0.44
聚苯乙烯	甲苯	27	0.44
	月桂酸乙酯	25	0.47
聚氯乙烯	四氢呋喃	27	0.14
	二氧六环	27	0.52
	磷酸三丁酯	53	−0.65
		76	−0.53
	硝基苯	53	0.29
		76	0.29
聚氯乙烯	硝基甲烷	53	0.44
		76	0.42
	丙酮	27	0.63
		53	0.60
	丁酮	53	1.74
		76	1.58
天然橡胶	苯	25	0.44
	四氯化碳	15～20	0.28
	氯仿	15～20	0.37
	二硫化碳	25	0.49
	乙酸戊酯	25	0.49

表8 能溶解聚合物的非溶剂聚合物（δ 为溶度参数）

聚合物	δ	非溶剂1	δ_1	非溶剂2	δ_2
氯丁橡胶	8.20	乙醚	7.62	乙酸乙酯	9.10
氯丁橡胶	8.20	己烷	7.24	丙酮	9.77
丁苯橡胶	8.10	戊烷	7.08	乙酸乙酯	9.10
丁腈橡胶	9.40	甲苯	8.91	氰化乙酸乙酯	11.4
丁腈橡胶	9.40	甲苯	8.91	丙二酸二甲酯	10.3
聚丙烯腈	15.4	碳酸二丁酯	12.0	丁二烯亚胺	16.3
聚丙烯腈	15.4	硝基甲烷	12.7	水	23.4

续表

聚合物	δ	非溶剂 1	δ_1	非溶剂 2	δ_2
聚氯乙烯	9.54	丙酮	9.77	二硫化碳	9.97
硝基纤维素	10.6	乙醇	12.92	乙醚	7.62

表 9　聚合物的 θ 溶剂和 θ 温度

聚合物	θ 溶剂		θ 温度/℃
	溶剂	组成	
聚乙烯	二苯醚		161.4
聚异丁烯	苯		24
	四氯化碳-丁酮	66.4/33.6	25
	环己烷-丁酮	63.2/36.8	25
聚丙烯 （无规立构） （全同立构）	乙酸异戊酯		34
	环己酮		92
	四氯化碳-正丁醇	67/33	25
	二苯醚		145
聚苯乙烯 （无规立构）	苯-正己烷	39/61	20
	丁酮-甲醇	89/11	25
	环己烷		35
聚醋酸乙烯酯 （无规立构）	丁酮-异丙醇	73.2/26.8	25
	3-庚酮		29
聚氯乙烯	苯甲醇		155.4
聚丙烯腈 （无规立构）	二甲基甲酰胺		29.2
聚甲基丙烯酸甲酯 （无规立构） 间同立构 （94%全同立构）	苯-正己烷	70/30	20
	丙酮-乙醇	47.7/52.3	25
	丁酮-异丙醇	50/50	25
	正丙醇	55/45	85.2
	丁酮-异丙醇		25
聚丁二烯 （90%顺式 1,4）	己烷-庚烷	50/50	5
	3-戊酮		10.6
聚异戊二烯 （天然橡胶） 96%顺式	2-戊酮		14.5
	正庚烷-正丙醇	69.5/30.5	25
聚二甲基硅氧烷	丁酮		20
	甲苯-环己烷	66/34	25
	氯苯		68
聚碳酸酯	氯仿		20

表 10　一些聚合物的溶剂和非溶剂

聚合物	溶剂	非溶剂
聚丁二烯	脂肪烃、芳烃、卤代烃、四氢呋喃、高级酮和酯	醇、水、丙酮、硝基甲烷
聚乙烯	甲苯、二甲苯、十氢化萘、四氢化萘	醇、丙酮、邻苯二甲酸二甲酯
聚丙烯	环己烷、二甲苯、十氢化萘、四氢化萘	醇、丙酮、邻苯二甲酸二甲酯
聚丙烯酸甲酯	丙酮、丁酮、苯、甲苯、四氢呋喃	甲醇、乙醇、水
聚甲基丙烯酸甲酯	丙酮、丁酮、苯、甲苯、四氢呋喃	甲醇、石油醚、水、己烷、环己烷
聚乙烯醇	水、乙二醇(热)、丙三醇(热)	烃、卤代烃、丙酮、丙醇
聚氯乙烯	丙酮、环己酮、四氢呋喃	醇、乙烷、氯乙烷、水
聚四氟乙烯	全氟煤油(350℃)	大多数溶剂
聚丙烯腈	N,N-二甲基甲酰胺、乙酸酐	烃、卤代烃、酮、醇
聚丙烯酰胺	水	醇类、四氢呋喃、乙醚
聚苯乙烯	苯、甲苯、氯仿、环己烷、四氢呋喃、苯乙烯	醇、酚、己烷、丙酮
聚氧化乙烯	苯、甲苯、甲醇、乙醇、氯仿、水(冷)、乙腈	水(热)、脂肪烃
聚对苯二甲酸乙二醇酯	苯酚、硝基苯(热)、浓硫酸	酮、醇、醚、烃、卤代烃
聚酰胺	苯酚、硝基苯酚、甲酸、苯甲醇(热)	烃、脂肪醇、酮、醚、脂

表 11　聚合物分级用的溶剂和沉淀剂

聚合物	溶剂	沉淀剂
聚己内酰胺	含水苯酚 甲酚 甲酚-苯	苯酚 环己烷 汽油
尼龙 66	甲酸 甲酚	水 甲醇
聚乙烯	甲苯 二甲苯 二甲苯 A-氯代萘	正丙醇 丙二醇 正丙醇 邻苯二甲酸二丁酯
聚氯乙烯	环己烷 硝基苯 四氢呋喃 环己酮	丙酮 甲醇 水 正丁醇
聚苯乙烯	苯 苯 丁酮 三氯化碳	乙醇 丁醇 正丁醇 甲醇
聚乙烯醇	水 乙醇	含水丙酮 苯
聚丙烯腈	羟乙腈 二甲基甲酰胺 二甲基甲酰胺 二甲基甲酰胺	苯-乙醇 庚烷 庚烷-乙醚 正庚烷

续表

聚合物	溶剂	沉淀剂
聚三氟氯乙烯	1-三氟甲基 2,5-氯代苯	邻苯二甲酸二甲酯
聚乙酸乙烯酯	丙酮 苯	水 石油醚
聚甲基丙烯酸甲酯	丙酮	水
丁苯橡胶	苯	甲醇
硝化纤维素	丙酮 丙酮 乙酸乙酯	水 石油醚 正庚烷
醋酸纤维素	丙酮 丙酮 丙酮	乙醇 水 乙酸丁酯
乙基纤维素	乙酸甲酯 苯-甲醇	丙酮-水(1:3) 庚烷

表 12 聚合物特性黏数-分子量关系 [η]＝KM^a 参数表

聚合物	溶剂	温度/℃	$K \times 10^2$/(mL/g)	a	分子量范围/($M \times 10^{-3}$)	测定方法
聚乙烯(高压)	十氢萘	70	6.8	0.675	200 以内	O
	二甲苯	105	1.76	0.83	11.2～180	O
聚乙烯(低压)	α-萘胺	125	4.3	0.67	48～950	L
聚丙烯	十氢萘	135	1.00	0.80	100～1100	L
	四氢萘	135	0.80	0.80	40～650	O
聚异丁烯	环己烷	30	2.76	0.69	37.8～700	O
聚丁二烯	甲苯	30	3.05	0.725	53～490	O
聚异戊二烯	苯	25	5.02	0.67	0.4～1500	O
聚苯乙烯	苯	20	1.23	0.72	1.2～540	L,S,D
聚苯乙烯(等规)	甲苯	25	1.7	0.69	3.3～1700	L
聚氯乙烯	环己酮	25	0.204	0.56	19～150	O
聚甲基丙烯酸甲酯	丙酮	20	0.55	0.73	40～8000	S,D
	苯	20	0.55	0.76	40～8000	S,D
聚乙酸乙烯酯	丁酮	25	4.2	0.62	17～1200	O,S,D
聚乙烯醇	水	30	6.62	0.64	30～120	O
聚丙烯腈	二甲基甲酰胺	25	3.92	0.75	28～1000	O
尼龙 6	甲酸(85%)	20	7.5	0.70	4.5～16	E
尼龙 66	甲酸(90%)	25	11	0.72	6.5～26	E
醋酸纤维素	丙酮	25	1.49	0.82	21～390	O
硝基纤维素	丙酮	25	2.53	0.795	68～224	O
乙基纤维素	乙酸乙酯	25	1.07	0.89	40～140	O
聚二甲基硅氧烷	苯	20	2.00	0.78	33.9～114	L

聚合物	溶剂	温度 /℃	$K \times 10^2$ /(mL/g)	a	分子量范围 /$(M \times 10^{-3})$	测定 方法
聚甲醛	二甲基甲酰胺	150	4.4	0.66	89~285	L
聚碳酸酯	氯甲烷	20	1.11	0.82	8~270	S.D
	四氢呋喃	20	3.99	0.70	8~270	S.D
天然橡胶	甲苯	25	5.02	0.67		
聚对苯二甲酸乙二酯	苯酚-四氯化碳(1:1)	25	2.10	0.82	5~25	E
聚环氧乙烷	水	30	1.25	0.78	10~100	S.D

注：1. 浓度单位：g/mL。
2. 测定方法：E-端基分析，O-渗透压，L-光散射，S，D-超速离心沉降和扩散。

表 13　水的密度和黏度

（用于：乌氏黏度计仪器常数的测定及动能校正）

温度/℃	密度/(kg/m³)	黏度$\times 10^3$/(Pa·s)	温度/℃	密度/(kg/m³)	黏度$\times 10^3$/(Pa·s)
20	998.20	1.0050	33	994.70	0.7523
21	997.99	0.9810	34	994.37	0.7371
22	997.77	0.9579	35	994.03	0.7225
23	997.53	0.9358	36	993.68	0.7085
24	997.29	0.9142	37	993.32	0.6947
25	997.04	0.8937	38	992.96	0.6814
26	996.78	0.8737	39	992.59	0.6685
27	996.51	0.8545	40	992.27	0.6560
28	996.23	0.8360	41	991.82	0.6439
29	995.94	0.8180	42	991.43	0.6321
30	995.64	0.8007	43	991.03	0.6207
31	995.34	0.7840	44	990.62	0.6097
32	995.02	0.7679	45	990.20	0.5988

表 14　1836 稀释型乌氏黏度计毛细管内径与适用溶剂（20℃）

毛细管内径/mm	适用溶剂	毛细管内径/mm	适用溶剂
0.37	二氯甲烷	0.57	二甲基甲酰胺;水
0.38	三氯甲烷	0.59	二甲基乙酰胺
0.39	丙酮	0.61	环己烷;二氧六环
0.41	乙酸乙酯;丁酮	0.64	乙醇
0.46	乙酸丁酯/丙酮(1/1)	0.66	硝基苯
0.47	四氢呋喃	0.705	环己酮
0.48	正庚烷	0.78	邻氯苯酚;正丁醇
0.49	二氯乙烷;甲苯	0.80	苯酚/四氯乙烷(1/1)
0.54	氯苯;苯;甲醇;对二甲苯;正辛烷	1.07	96%硫酸;93%硫酸;间甲酚
0.55	乙酸丁酯		

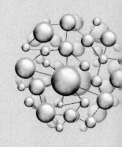

参考文献

[1] 梁晖，卢江. 高分子化学实验. 北京：化学工业出版社，2004.

[2] 张兴英，李齐方. 高分子科学实验. 北京：化学工业出版社，2007.

[3] 潘祖仁. 高分子化学. 第3版. 北京：化学工业出版社，2003.

[4] 钱人元. 高聚物的分子量测定. 北京：科学出版社，1958.

[5] 虞志光编. 高聚物分子量及其分布的测定. 上海：上海科学技术出版社，1984.

[6] 复旦大学化学系高分子教研组编. 高分子实验技术. 上海：上海复旦大学出版社，1996.

[7] 杨海洋，朱平平，任峰等. 黏度法研究高分子溶液行为的实验改进. 化学通报，1999，62(5)：47-49.

[8] 杨海洋，李浩，朱平平等. 黏度法研究高分子溶液行为的实验改进(Ⅱ). 化学通报，2002，65(9)：631-634.

[9] 杨海洋，严宇亮，朱平平等. 黏度法研究高分子溶液行为的实验改进(Ⅲ). 化学通报，2004，67(10)：87.

[10] 施良和编. 凝胶色谱法. 北京：科学出版社，1980.

[11] 朱平平，杨海洋，何平笙. 从高分子运动的温度依赖关系看高分子运动特点. 高分子通报，2005，(5)：147-150.

[12] 何平笙，朱平平，杨海洋. 对聚合物玻璃化转变的几点新认识. 化学通报，2006，69(2)：154-157.

[13] 何平笙. 高聚物的力学性能. 合肥：中国科学技术大学出版社，1997.

[14] 马德柱，何平笙，徐种德等. 高聚物的结构与性能. 第2版. 北京：科学出版社，1995.

[15] 钱保功，许观藩，余赋生. 高聚物的转变和松弛. 北京：科学出版社，1986.

[16] 邵毓芳，嵇根定. 高分子物理实验. 南京：南京大学出版社，1998.

[17] 朱平平，何平笙，杨海洋. 高聚物黏弹性力学模型计算中容易被忽视的一个基本问题. 高分子材料科学与工程，2007，23(3)：251-253.

[18] 李允明. 高分子物理实验. 杭州：浙江大学出版社，1996.

[19] 何曼君等. 高分子物理. 上海：复旦大学出版社，2000.

[20] 朱诚身. 聚合物结构分析. 北京：科学出版社，2004.

[21] 刘振兴等. 高分子物理试验. 广州：中山大学出版社，1991.

[22] 胡世如，张建国. 塑料. 高分子通讯，1978，7：1.

[23] Stein R. S., Erhardt P., Van Aartsen J. J. et al. Theory of light scattering from oriented and fiber structures. J. Polymer Sci. Part C. 1966，13：1-35.

[24] 徐忠德，何平笙，周漪琴. 高聚物的结构与性能. 北京：科学出版社，1981.

[25] ISO R1183-70.

[26] 贺金娴. 塑料工业. 1981，6：32.

[27] 何平笙，李春娥. 高分子物理实验初探. 高分子通报. 2000，(2)：94-96.

[28] 麦兰霍林等. 晶体光学研究法. 王德慈译. 北京：地质出版社，1960.

[29] 吴茂英，罗勇新. PVC热稳定剂的发展趋势与锌基无毒热稳定剂技术进展. 聚氯乙烯，2006，10：1-6.

[30] 温变英. 高分子材料与加工. 北京：中国轻工业出版社，2011.

[31] 蒋成禹. 材料加工原理. 北京：化学工业出版社，2002.

[32] 张德英，王世华. 线形低密度聚乙烯吹膜的改性研究. 中国化工学会石油化工学术年会，2012.

［33］于建，毛宇，原栋等. 高冲击韧性 PP/EPDM/CaCO₃复合材料研究. 中国塑料，1999，10：26-31.

［34］朱晓光，李兰，王德禧等. 壳/核结构复合分散相对 PP/硅灰石/EPDM 体系力学性能的影响. 高分子材料科学与工程，1998，1：115-118.

［35］何卫东. 高分子化学实验. 合肥：中国科学技术大学出版社，2003.